禅·庭

枡野俊明作品集

[日]枡野俊明 著
戴滢滢 译

江苏凤凰科学技术出版社

图书在版编目（CIP）数据

禅·庭：枡野俊明作品集 / (日) 枡野俊明著；戴滢滢译. -- 南京：江苏凤凰科学技术出版社，2015.4
ISBN 978-7-5537-4146-8

Ⅰ. ①禅… Ⅱ. ①枡… ②戴… Ⅲ. ①园林设计—作品集—日本—现代 Ⅳ. ①TU986.2

中国版本图书馆CIP数据核字(2015)第016779号

禅·庭——枡野俊明作品集

著　　者　[日]枡野俊明
译　　者　戴滢滢
项目策划　康　恒
责任编辑　刘屹立
特约编辑　曹　蕾　胡中琦

出版发行　江苏凤凰科学技术出版社
出版社地址　南京市湖南路1号A楼，邮编：210009
出版社网址　http://www.pspress.cn
总 经 销　天津凤凰空间文化传媒有限公司
总经销网址　http://www.ifengspace.cn
印　　刷　广州市番禺艺彩印刷联合有限公司

开　　本　965 mm×1270 mm　1/16
印　　张　17.5
版　　次　2015年4月第1版
印　　次　2019年5月第5次印刷

标准书号　ISBN 978-7-5537-4146-8
定　　价　278.00元（精）（USD 50.00）

前言
はじめに

此次，能在中国出版我的作品集，感到非常荣幸。

我创作作品时，首先细心听取委托方的希望，最重要的是把握将要造访该作品的人，或者使用它的人的心情，从深入了解内心状态开始创作。所以说，我的设计不是从外形开始考虑，而是旨在设计一种与空间相符的氛围。在日本，闲寂、幽雅、幽静等词都不用来表示有形状的东西，而是表达一种气氛，因此日本的设计也与西方首先考虑形状的设计不同，从与这个场所相应的氛围开始创作，这是日本与西方空间设计最不同的地方。

我一直以「创作流传后世的作品」为理念，至今为止仍孜孜不倦地创作着。「创作流传后世的作品」并非是件简单的事。每天的专心研究必不可少，好的作品绝不可能是突然就能创造出来的。禅语中有这么一句：牛饮水成乳，蛇饮水成毒（《宗镜录》），将空间创造成「毒」还是「乳」就看我的了。设计和建造庭园是项不能掉以轻心的工作。梦窗大师说过：以自然为首，万事皆为本分，季节的变迁正如同求道之心的修行。我将这句话铭记于心，今后也会把庭园设计作为自身的修行继续努力。

最后，衷心感谢对此书的出版寄予厚望的凤凰空间文化传媒。

この度は、中国において私の作品集が出版されたことを大変光栄に思っております。

私は作品づくりにおいて、発注者の希望をよく聞くことはむろんのことですが、最も大事に扱うのがその場を訪れる人、或いは使う人の気持ちとその状況をよく把握し、よく心理状態を掘り下げてゆくことから始めることです。従って、デザインは形を考えることから始めるのではなく、その空間に相応しい雰囲気そのものをデザインするのです。日本には、侘び、さび、幽玄などといった形ではなく、その場に漂う空気を表す言葉がありますが、まさに日本のデザインは、西洋のように形を考えることから始めるのではなく、その場に応じた空気を作りだすことから始めるのです。ここが西洋の空間デザイン大きく異なる点です。

私は、これまで「後世に残る作品を造る」ことを念頭に置き、こつこつと作品づくりに励んでまいりました。「後世の残る作品を造る」、これは並大抵のことではありません。日々の精進が大切であり、ある日突然、良い作品が造れるということは絶対にありません。禅の言葉に「牛の飲む水は乳となり、蛇の飲む水は毒となる」（宗鏡録）というものがありますが、空間を毒にするのも、また乳にするのも私次第ということです。デザインや作庭は本当に気が抜けない怖いものです。夢窓国師の言葉に、「自然をはじめ、すべてのものが自己の本分であり、季節の移り変わりそのものを求道のこころの工夫ととらえよ」というものがあります。この言葉を肝に銘じ、今後も自らの修行の場として作庭を続けてゆきたいと考えております。

最後になりましたが、本書の出版に厚意を示された凤凰空间文化传媒に感謝申し上げます。

枡野俊明

1975 毕业于玉川大学。在校期间师从齐藤胜雄，成为齐藤胜雄的弟子。
1979 作为行脚僧在日本大本山总持寺修行。
1982 成立日本造园设计事务所。
1985 任曹洞宗德雄山建功寺副住持。
1987 受不列颠哥伦比亚大学聘请，作为特别教授（中曾根基金特别教授）进行集中授课。
同年开始每年进行演讲。
1989 在美国康乃尔大学、英国伦敦大学等高校演讲。
1990 在哈佛大学设计学院演讲。
1994 获不列颠哥伦比亚大学特别功劳奖。
1995 以新渡户纪念庭园修改项目获CSLA（Canadian Society Of Landscape Architects）的『NATIONAL MERIT AWARD』奖。
1997 获日本造园学会奖（设计作品部门）、横滨文化奖（奖励奖）。
1998 任多摩美术大学 环境设计学科 教授。
1999 获艺术选奖文部大臣新人奖（美术部门）。
2001 任曹洞宗德雄山建功寺住持。
2003 获外务大臣表彰奖。
2005 获德国『Gala Spa Award 2005 (Special prize) 』；
加拿大政府『Meritorious Service Medal』（加拿大总督表彰）奖。
被授予不列颠哥伦比亚大学名誉博士学位。
2006 获德意志联邦共和国功劳十字骑士勋章。
2007 第17届AACA(日本建筑美术工艺协会)奖（奖励奖）。
2010 第55届神奈川县建筑竞赛 优秀奖（神奈川县建筑师事务所协会奖）。

枡野俊明

【作者简介】

作为禅僧，我遵循在禅的精神基础上常年创作。我把自己与空间置换，这时的表现是精神的升华。庭园不仅仅追求造型美，而且，被称为「石立僧」的禅僧们把庭园作为「自我表现」的场所，并把作庭的过程视为每日修行的一部分。我自身也把作品创作作为修行，迄今为止不断一点一点地努力进取。「庭」在我的心中有着十分重要的位置。

对很多人来说，「庭」是观赏的对象，是种植花草的娱乐场所，或者是家庭、伙伴聚会的场所。而对于我来言，这些都不是。曾经，出现过一位杰出的禅僧，经历旧时乱世，被授予大师称号，并擅长作庭，留下了许多著名的庭园。这位僧人的名字叫作梦窗疏石。僧人疏石曾经说：山水没有「得」与「失」，得失在于人心。这就是说，作庭时，在制作技术之外，更要注重求道之心。对于我来说，也与疏石一样有对作庭的要求。

我把生活中的「庭」比作「心灵表现」的场所。它可以分为两部分来解释。

其一是作为禅僧，迄今修行的自身心灵的表现，也就是自身表现。

其二是由待客的主人立场而来的「心情表现」。日本室町时期，大德寺住持是一位叫作一休宗纯的禅僧。当时有很多优秀的文人墨客聚集在一休和尚身边，请求教导并成为弟子。其中，有一位奠定了今日日本茶道基础的人物：村田珠光。珠光在禅僧修行的「自身表现」之外，加上了作为主人待客的心情，更深化了禅和茶道之间的关系。

我把这两种精神的表现总称为「心灵表现」。

说到禅，它是把一种无法看到的物体形象化，用某种形态与自己置换，从而表现出的心理状态。即上述的「自身表现」。这种方法包括绘画、书法、作庭等形式，但想表现的东西并不经常改变。因此对于禅者来说「自身表现」的手法不是问题，选择自己擅长的就可以。我把自己设计庭园，现场指导或瞻仰古庭园，皆看作修行。禅语有「牛饮水成乳，蛇饮水成毒」。换言之，庭是变「毒」，或是成「乳」取决于我自身。庭园设计的过程中有艰难的地方，也有有趣的一面。因此我在造园设计时，无法超越我自身的力量。我迄今的修行也只能创造出与修行同等的水平的庭园作品。庭园作品是另外一个我，也可以说是我的心理写照。如果我自身思考一些贪婪的事，所作的庭园也是贪婪的。我自身的不成熟，也会导致作品的不成熟。我越来越明白这种感觉。另外，瞻仰先者建造的庭园时，当前的自己也只能领悟到当前的知识。经历多年再去瞻仰同一所庭园时，也必定有新的感激与感动。

于我而言，无论是造园还是观赏庭园都是一种修行，庭园也是道场。

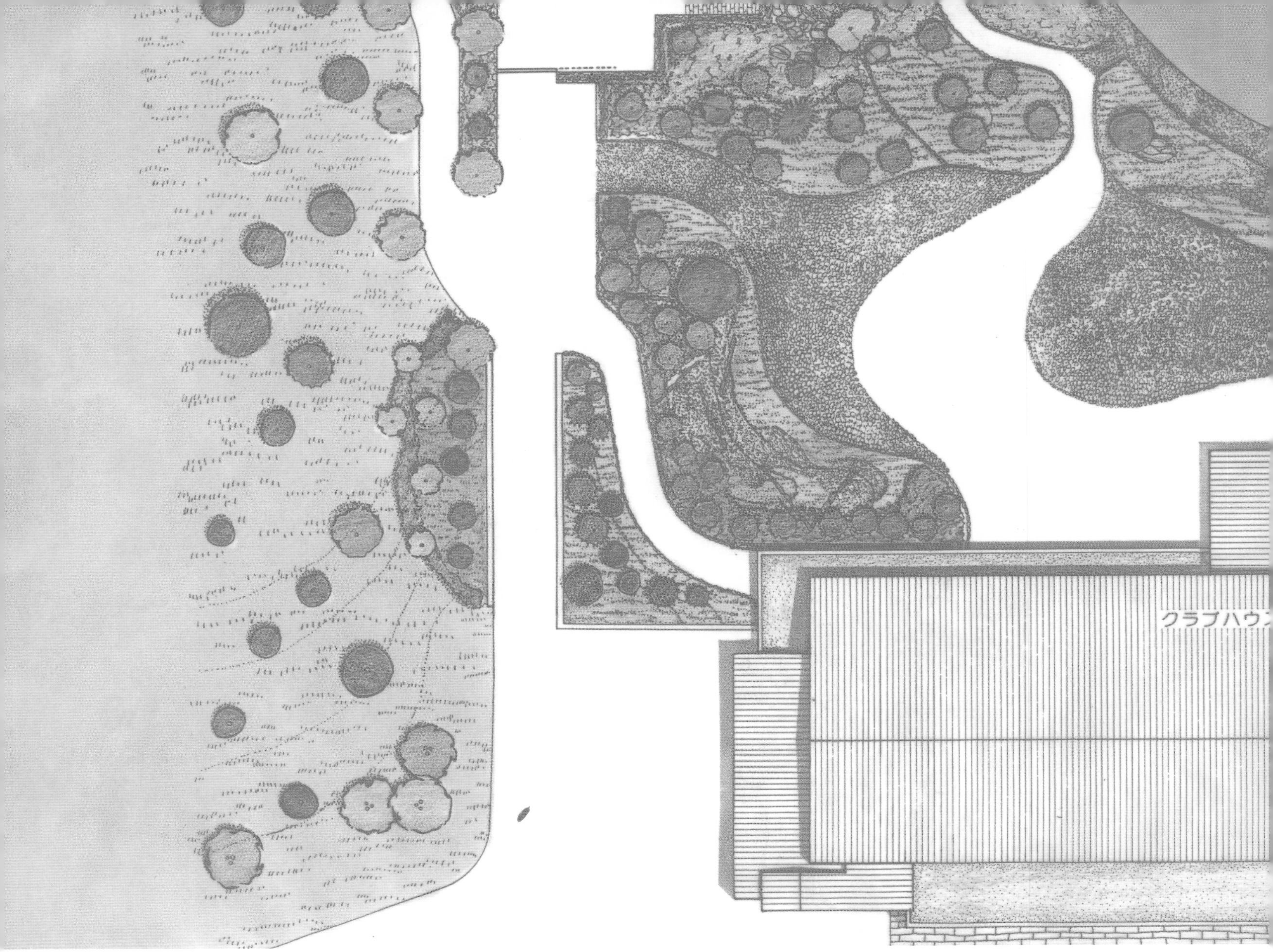

船着場
洲浜
露天風呂
露天風呂

滄晴园

滄晴園

此设施为东京机器厚生年金基金建在箱根仙石原的疗养院。这座庭园由主庭、浴室前庭和入口附近的庭园等三个庭园组成。当时的计划主要着眼于借景，最大限度地利用周围的景观（美丽的群山）。主庭主要以浮云般的群山为意象，尽量表现出简洁感。主题为「云海」。主要的构成元素是象征石头和云的大刈込（编者注：被修剪成不规则形状、高低起伏的成片栽植的植物）和草坪。设计理念是通过由金芽伽罗木、吊钟花、石楠、滨柃木、杜鹃花等植物组成的大刈込，使人们欣赏到随季节的变化而变化的树叶的颜色和花朵。入口附近为了表现出深山的意象，设计成起伏不平的通道以增加距离感。建造出天然不造作的空间。另外，在浴室前的庭园中配上和缓的瀑布，创造出与主庭截然不同的空间感。

从浴室看过去，花园空间与树木、岩石、倒映在小池塘中的地被植物和从树木间所看到的山林美景融为一体

栽种的树篱被修剪得呈现出云朵状的外观，这些树篱由不同类型的植物构成，故而拥有多姿多彩的叶片外观和一年四季不断变换的色彩

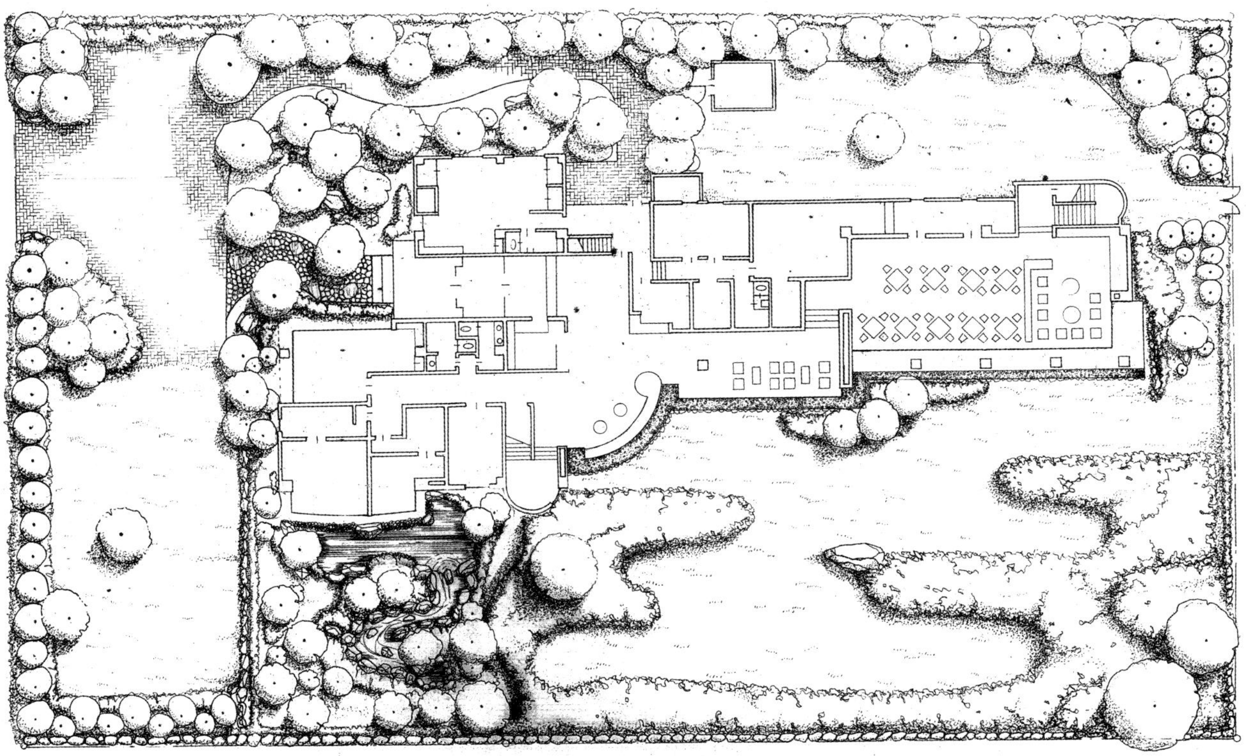

滄晴园的平面设计方案展示了与建筑公共空间联系在一起的花园开放区空间，以及靠近私人空间的更为紧凑的花园区

通往滄晴园的石砌路面为人们营造出一种在树木密布的山间小路上漫步的感觉

地块前部岩石粗犷的质地和深沉的色彩与树篱、远山所具有的平缓的曲线造型和柔和的色彩形成鲜明对比

借景的主要设计原则是将远处的山峦美景融入花园的空间设计中，比如人们从大厅所看到的美景

银鳞庄

銀鱗荘

这个设施是箱根仙石原的某企业为了迎接海内外顾客所建造的。我根据使用人群及来访人群的需求进行了庭园的设计。在空间的营造上，为了给平日里繁忙工作的使用者解压，我将感受自然山野趣味作为设计主旨。此庭园的特征是利用用地地势高差创设了10米的瀑布及春风拂过久留米杜鹃花成片绽放的场景。此外，周末庭园根据使用者的需求，夜晚采用不同的照明方式，使观赏者能体验到不同的庭园乐趣。

夜间微弱的照明提升了空间色彩效果，并凸显了庭园主要元素的外观，为人们营造了一番不同于白天的景象

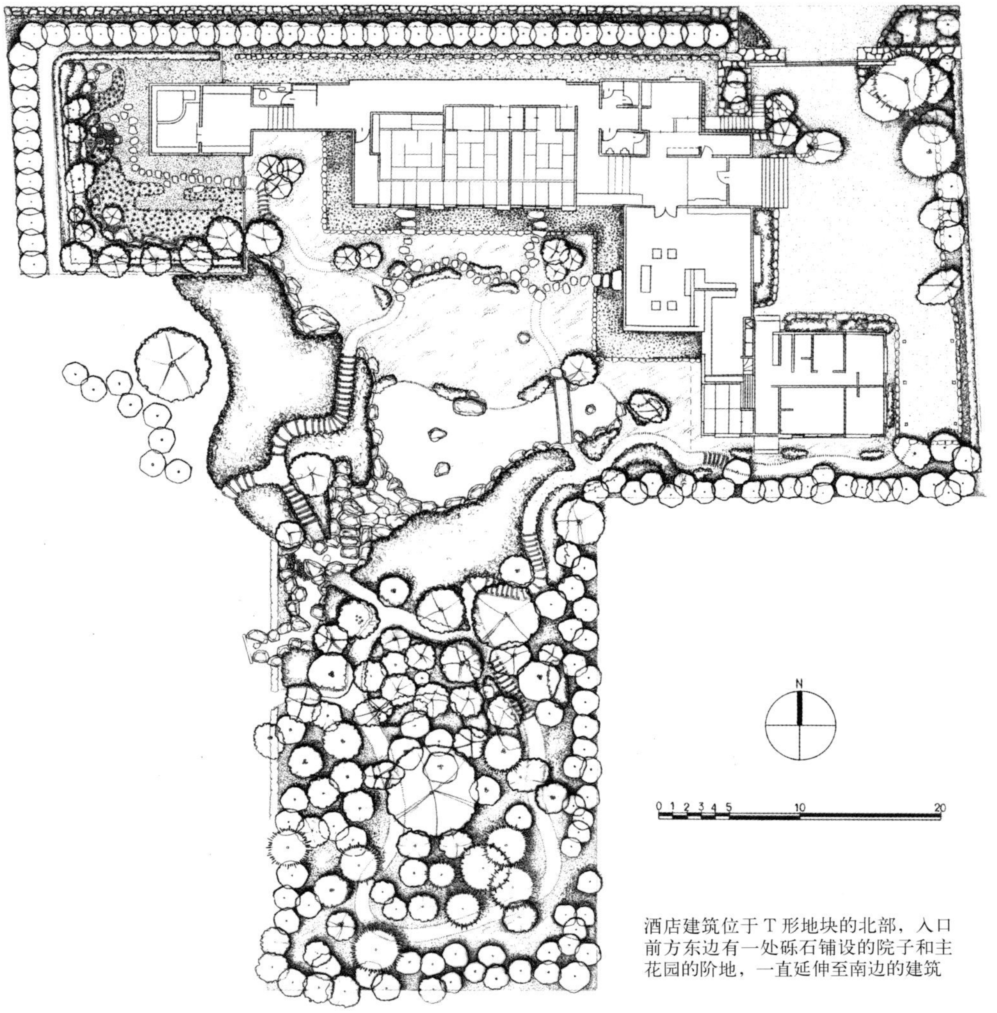

酒店建筑位于T形地块的北部，入口前方东边有一处砾石铺设的院子和主花园的阶地，一直延伸至南边的建筑

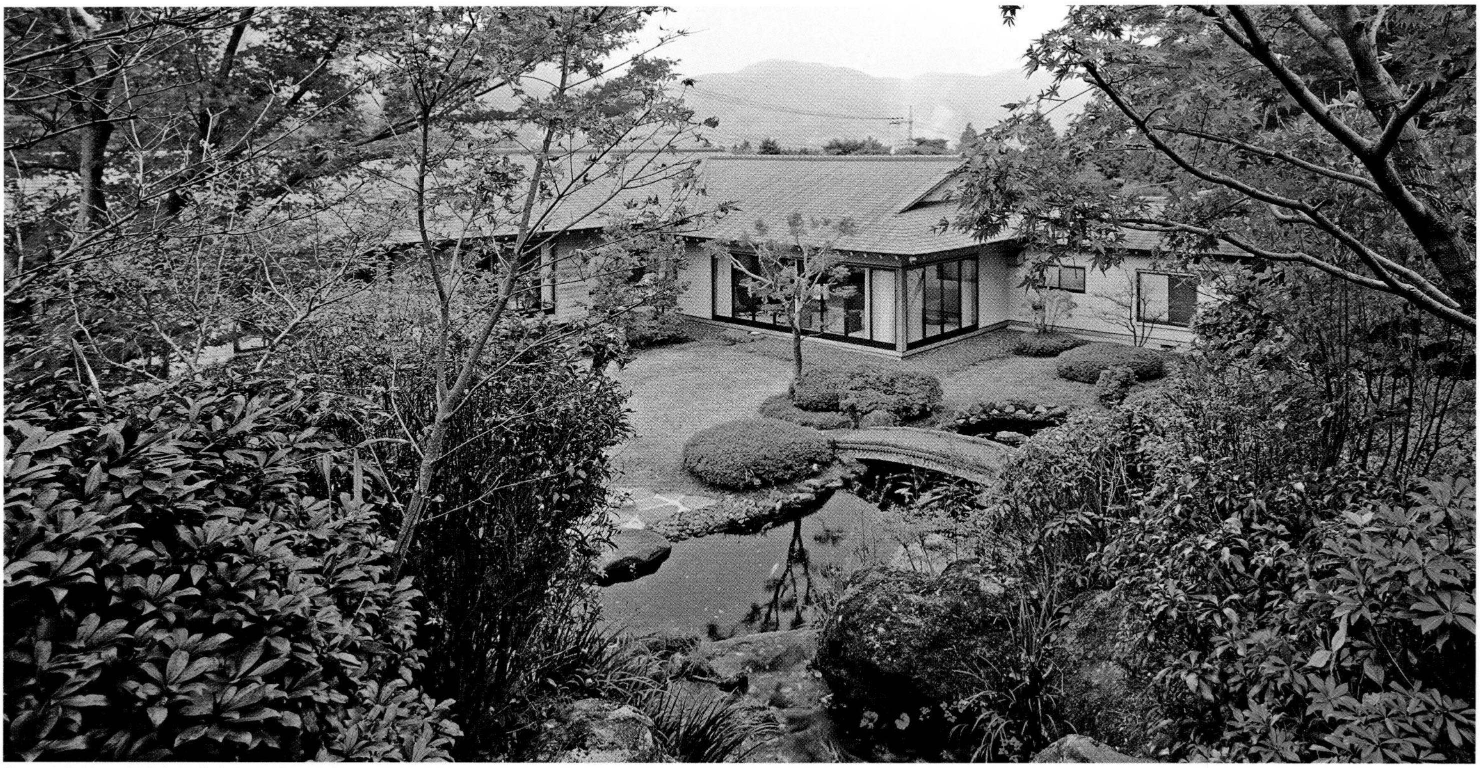

花园甬道始于池塘边沿的弯桥，该池塘在酒店一侧。这条甬道穿过花园，一直到达瀑布的顶端。在这儿，人们可以回看整座酒店，以及远处的群山

阶地式瀑布拥有很高的高度和持续不断的声响，故而成为花园的焦点所在，并将人们的目光吸引到花园的最深处

从浴室看到的花园的主要空间元素是圆柱形的石质水盆和一株枫树，后方为层叠的岩石和丛生的灌木

坚硬的岩石挡土墙内部设置了花园，靠近砾石铺设的通道和银鳞庄酒店入口庭院

拱形的桥梁将靠近酒店的草坪与曲折的通道联系在一起，该通道沿山体一侧向上延伸，穿过树篱，一直进入茂密的树林之中。

京都府公馆庭园

京都府公館の庭

这个设施由迎宾馆的一部分——「京都府公馆」与多功能「府民大厅」所构成。本庭园是迎接海内外宾客的接待室，为营造出接待气氛而设计。设施考虑到利用形态，通过电脑控制照明，试图营造有夜间庭园景观形式的日本庭园。庭园使用瀑布、流水、池塘等传统构成要素，精炼设计的同时，体现了自然宽宏博大的印象。

此外，庭园围绕此设施主题「友好与亲善」，营造了浑厚圆满的环境。

瓷砖铺砌的露台和长长的屋檐使得接待建筑的室内空间一直延伸至花园之中，而池塘和花园小岛在阶地之下延伸，将自然氛围引入其中

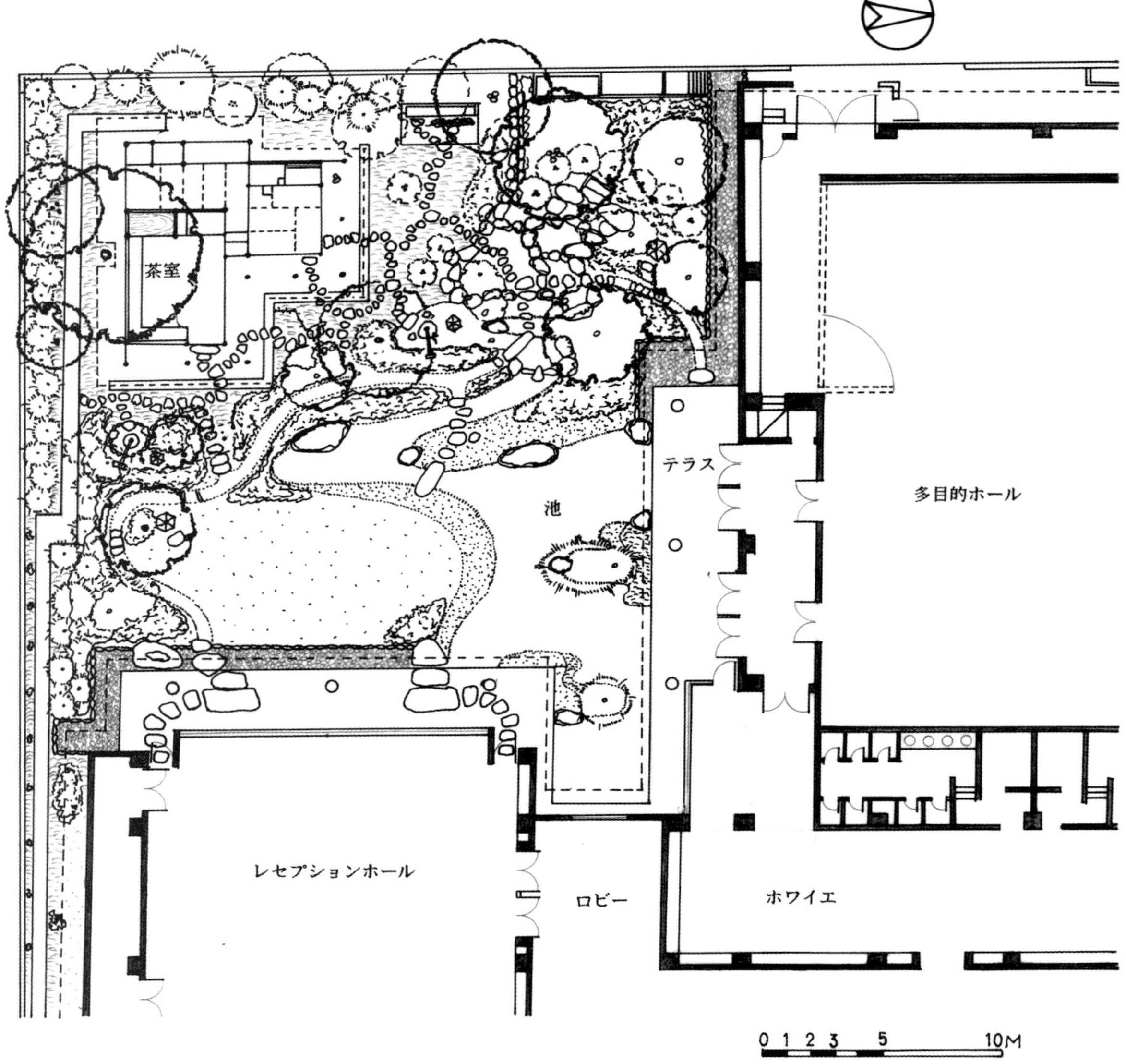

茶室位于花园高处的一角，而池塘位于另外一侧较低的一角，靠近接待大厅

石材打造的水盆展示了精致的对称结构，而石灯笼像极了在不规则外部结构内设置了圆圈形的构造

为了夜间的观赏需求，精心设置的照明设施照亮了花园的一些主要元素，比如龙门瀑布拥有 16 种不同的情景展示

踏脚石从大门一直延伸至茶室处。小心翼翼地从一块石板踏到另一块石板，这进一步凸显了从每日的平常世界到茶道精神状态的过渡

茶室一瞥，入口大门位于空间一角，从地块前部的草坪、树篱以及花园中间的林地处都可以看到这处茶室

花园通过多层的树篱和蜿蜒的溪流向接待区延伸。该溪流通过平台下方一直流到池塘里，该平台通过池塘小岛进行固定

踏脚石粗糙的质地、多变的外观与瓷砖铺地的网格结构形成鲜明对比，并将花园空间延伸至接待大厅的屋檐下方

阿德雷克高尔夫球俱乐部

アートレイクゴルフ倶楽部

此庭院是典型的池泉回游式日本庭院。由俱乐部前和浴室前两个风格各异的庭园组成，主庭部分的面积约8000坪（2.64万平方米）。庭园的设计阶段，以将这所俱乐部建造成一所与其他俱乐部完全不同的空间为目标，并以此决定设计方案。为了使之具体化，就需要将俱乐部周围完全独立，单独建造出庭园内的空间。为此必须使人们忽略被赛道隔离的高尔夫球场。这点就技术而言，就是在平坦的地面上人工造山，人工导入巨大的水空间；就精神而言，可以说是表现我对禅的想法。换言之，就是使用石头、树木、花草、砂粒和水等自然材料，探求完全脱离极度紧张感和所有事物，超凡脱俗、宁静而又美好的「不被索取的世界」。简而言之，就是创造「不被拘泥的属于自己的文化」。这就是禅文化，换句话说就是「庭禅一如」的世界。

室外浴池使用光滑的花岗岩打造而成，位于倾斜的豆粒砾石铺设的封闭式花园内，该花园靠近衣帽间和沐浴区

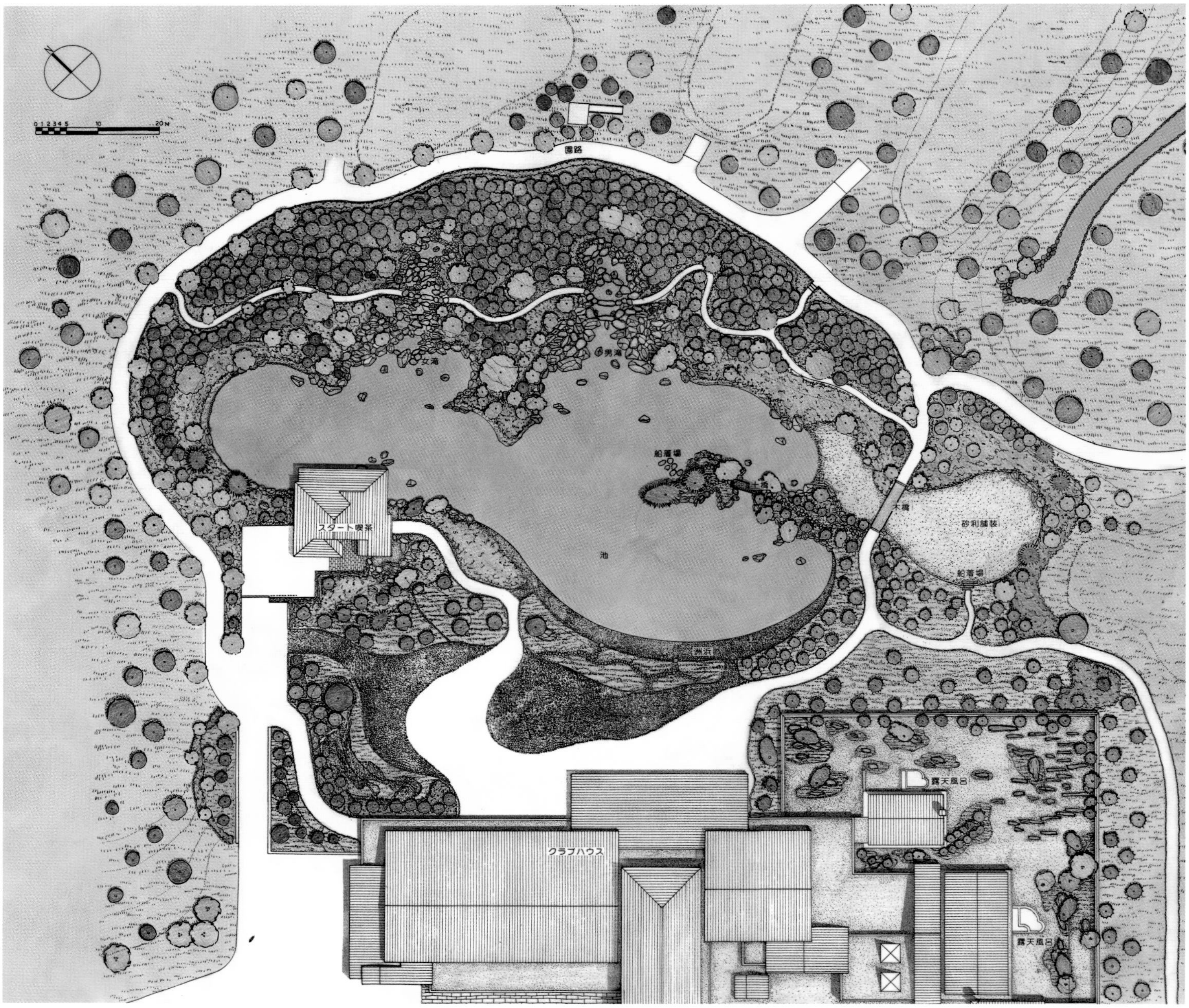

主花园围绕着池塘、高尔夫球场一直延伸到花园之外，而私人花园围绕着俱乐部的东北角

室内和室外空间通过大窗户联系在一起，窗户向外敞开时，人们可以看到私人枯山水庭院中的室外浴池

粗糙的巨型圆石围绕着气势恢宏的瀑布，瀑布发出悦耳的声响，吸引着人们的目光，水流从岩石间喷涌而出，汇入池塘

私人花园中倾斜的豆粒砾石上点缀着长而平的石板打造的小岛和长满苔藓的土堆，土堆上方为粗糙的深色岩石

使用白色豆粒砾石打造的“池塘”蜿蜒穿过主花园中苔藓覆盖的地段，该主花园位于艺术之湖高尔夫俱乐部中

瀑松庭

瀑松庭

这个庭园是由池泉、溪流、瀑布等水景和利用白沙象征的山水（枯山水）以及以茶室为中心的露地所组成的日本庭园。庭园的设计借于濑户内海的景色特点，以浮出海面强而有力的花岗岩群岛，以及在此生长的黑松作为主题。庭园内的黑松与瀑布构建了「静」与「动」的关系，在庭园构成上相辅相成，哪一方都不可欠缺。所谓万物均由一而形成，「静」与「动」的关系维持了不二的平衡。将这重要的精神思想，通过此庭园传达给生活在当今的我们，无须语言传达。就犹如这黑松，安静地立于此处，平日的烦恼忧愁等随瀑布流去，身心得到清净。黑松与瀑布作为庭园的主题，故此庭园命名为「瀑松庭」。

石砌小道和桥梁蜿蜒穿过花园，穿过光滑的碎石铺底的小河、岩石累累的「海岸线」和长满青苔的山坡，一直到达富有传统特色的酒店一角

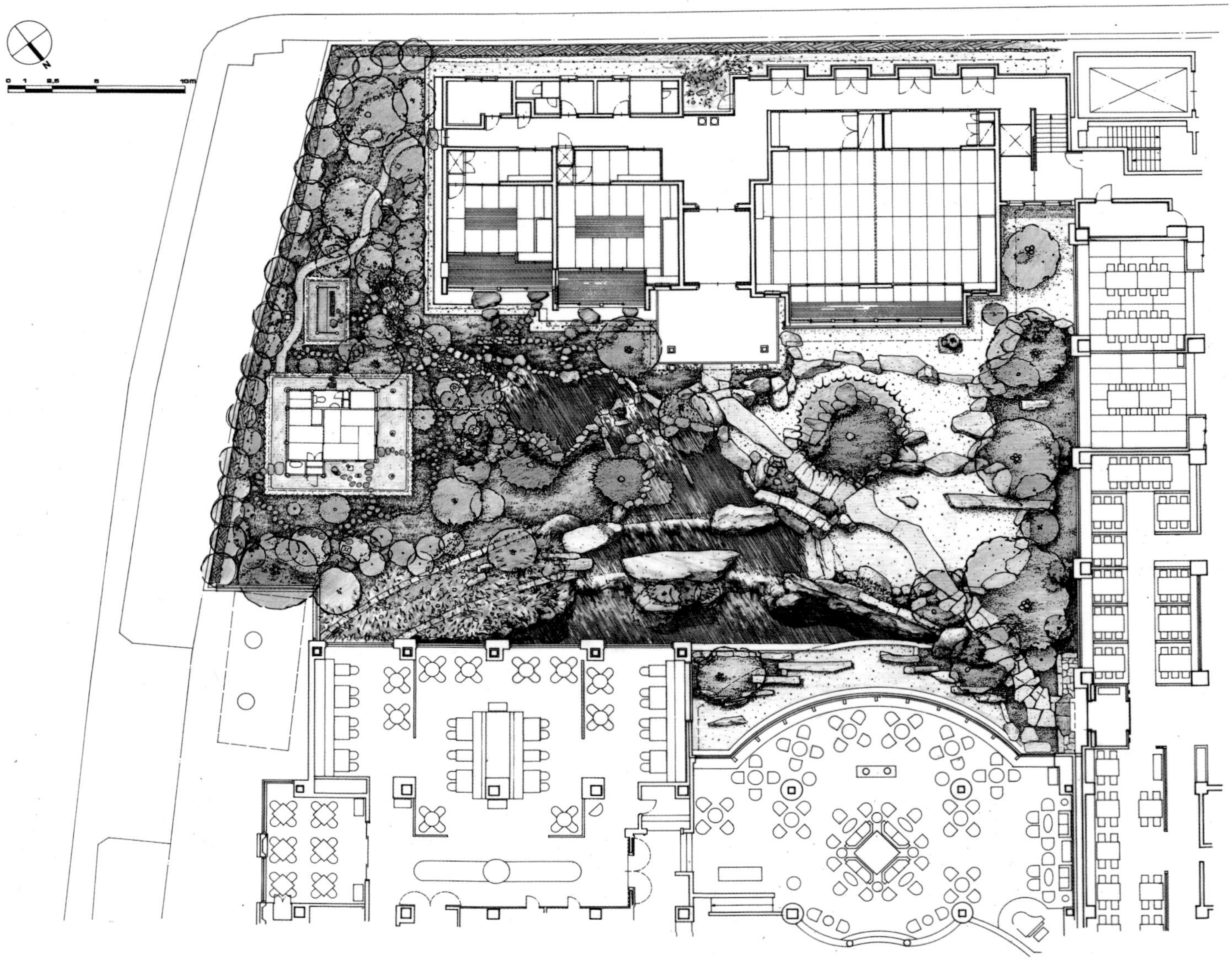

瀑松庭将所有户外空间都利用起来，在不同的酒店空间之间创建了视觉联系和实体联系

小小的金属灯笼在花园中投射下柔和的光晕，照亮了甬道，并营造了如画的夜间风景

许多有感染力的元素——较低位置左侧的长长的瀑布、大型的岩石小岛和桥梁以及精致的传统茶室——共同打造了一座富有动感、充满活力的花园

踏脚石将茶室的内部空间与花园联系在一起，穿越了多层次的空间，而这些空间的主要特征是地面所使用的不同铺砌材料

宏伟壮观的瀑布营造了一种强烈的动感，与一些黑色的松树并置，亦打造了一种静态美感

圆形的踏脚石从花园一直通到传统茶室屋檐下方的位置，进入小而方的入口位置

两片大型的石板连在一起，在豆粒砾石小河上方构建了一座桥梁，使得游客们可以穿过花园进入私人用餐区的传统和室之中

龙门庭

龍門庭

此庭园是为紫云台禅寺的迎宾设施而建造的。由茶室建筑看到的景象（一块竖立的大石头）是表现本寺当年开山祖师东皋心越禅师给弟子们说法的情景。禅文化中，有一个来自中国龙门瀑布的故事，越过瀑布的鲤鱼将化成神龙。这个故事在日本枯山水石组中得到了抽象化的表现。本庭园在低矮的建筑山顶部制作了枯山水石组，本庭园的名字「龙门庭」由此得来。此外，自然排列的景石群、苔藓与白沙形成对比，营造出寂静的空间，使观看者能体验到当年禅师说教的氛围。在此处，清净无杂念的心与庭园空间对峙，时而妄想世界，时而无相未来。

倾斜的豆粒砾石依据岩石「小岛」和苔藓「海岸线」的轮廓而铺砌，在花园的显著位置营造出了动感和独特的空间构造

砾石“小河”给人一种无边无际的视觉感，而高高的花园墙体和修剪整齐的树篱将龙门庭与寺院的主花园分隔开来

简洁的石板横跨了砾石河的较窄部分，缩小了苔藓覆盖的两岸之间的距离，并在垂直设置的孤赏石中增添了一个水平元素

枯山水庭院中的砾石小河始于靠近花园墙体的“龙门瀑布”，从石板桥下方流过，一直到达寺庙建筑所在地

石刻位于规模巨大的岩石花园之中，呈现出水井的外观，拥有保护性的竹制盖子，通过一块巨型的踏脚石与游廊联系在一起

普照庭

普照庭

即使世界瞬息万变，一定会存在永远不变的东西。通常我们将其称之为「真理」，还有一种叫法是「教诲」。一个人即将毫无遗憾地结束从这个世界上得到的生命时，都会这么问自己吧：应该怎样过完这一生，如何才能认真地用完宝贵的生命？答案的依据就是先人的「教诲」。先人们收获的「教诲」是指引现代人生活方向的指向标。有一句禅语叫作「水急不流月」，直译就是「无论水流多么湍急，倒映在水上的月亮也不会流动」。这正是将真理和教诲比喻成月亮的一句话，也就是说这个世界上有亘古不变的东西存在。现代社会中随波逐流的人太多，这些人没有寻找到自身的「月亮」，而变成了水。因此我为了让大家感受到身边的「教诲」，怀着「尽量让更多人不要受到周围环境的影响，失去自我地活着」的想法，以先人的「教诲」为主题设计了这所庭园。本莲胜寺是镰仓时代正和四年（1315年）由净土宗第五祖的莲胜上人开创的寺院。这座寺院的「教诲」在七百多年后的今天仍然代代相传，并且是地域信仰的中心地。这个教诲犹如一滴水慢慢地成为一条大河，在这个大地上生根，成为人们内心生存的依据。这座御开山的「教诲」用瀑布的流水来表现，将其历史以「流水」象征，以枯山水式庭园来表现。现如今「流水」正向着传播「教诲」的本堂和新建的客殿流去。水流的两侧配以代表莲胜上人的立石，表现的是莲胜上人静静守护着「教诲」的将来。因此，秉着御开山的「教诲」将「继续普照大地」的想法，将这座庭园命名为「普照庭」。静静地坐在这座客殿里与庭园对峙，用心地审视自身，如果这能成为得出答案的契机的话，该是多么美好的一件事啊！我怀着通过这座庭园来帮助每个人拥有一颗不为周遭世界所影响的「心」的愿望，建造了这庭园。

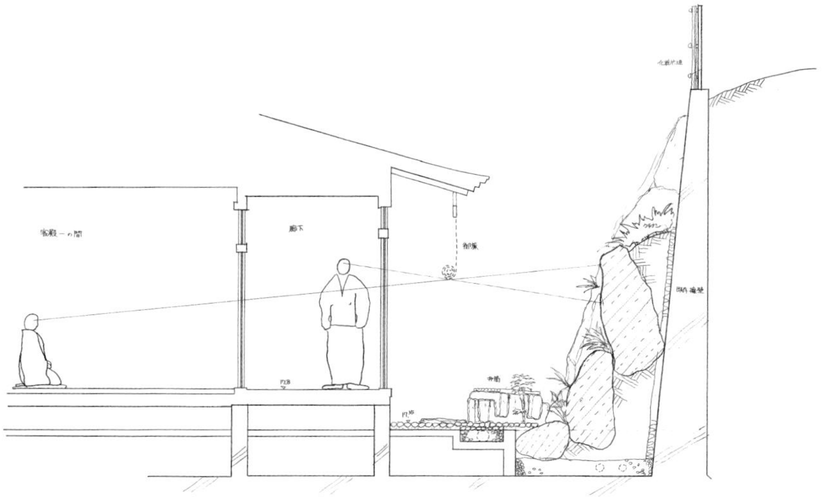

精心设置的绿植和巨型岩石将混凝土挡土墙遮掩起来，其均经过了精心的设计，以较好地控制当人们站立或坐下时所拥有的视野。而这主要是通过可调整竹制百叶窗实现的

溪流中密布着拳头大小的岩石，苔藓密布的两岸间流过，经过不对称的石板桥下方，一直到达崎岖的岩石悬崖

大小不一的岩石层加大了狭窄花园的空间深度

高高的石质水盆恰好靠近游廊，将花园与内部空间联系在一起

精美的树木和巨型的圆石联合起来，在紧凑的花园空间中营造出了一种深山、深谷之感

接待大厅外面的主花园通过大片的草坪和砾石路提供了不错的室外聚会区

残心庭

残心庭

「鹤翔阁」曾是原三溪氏的住所，也是招待亲朋好友的「款待之处」。也许这个空间曾招待过数不清的名人吧。这些记忆渗透到建筑物和庭园的各个角落，一直流传至今。物转星移，这次「鹤翔阁」作为横滨的迎宾室重新开放，再次成为接纳宾客的场所。只是迎接客人的主人由三溪氏个人变成利用这座设施的人们。日本文化中的「款待」指的是，以装饰壁龛、在庭院洒水等工作为首，周到用心地整理整个建筑物里里外外各个角落，这正是主人倾注于款待的热情。换言之，款待是主人「内心的表现」，是招待者的人格、教养以及对客人的诚意融为一体的表现。因此，将招待之心空间化正是主人的力量，同时也是寻求客人理解这份招待之心的力量。如此一来，接待不同的客人款待的内容也必须随之变化，不可能有相同的内容。即使是接待同一位客人，这个人周围的环境和条件也不可能每次都一模一样，主人的心情也会有所变化。如果用语言来表达的话，那么日本的款待就是「一期一会」，彼此交流眼睛所看不见的东西，是一种高度的精神文化。

但是，近年来日本的款待全都西方化了。到处布置着豪华的装饰物和插花，它们的确是吸引人眼球的装饰。但是，其背后却感受不到主人款待的心意和人性。曾几何时，三溪氏怀着高度的精神性在这座「鹤翔阁」招待客人。这也正是三溪氏原本人格的表现。我当初设计这座「鹤翔阁」庭园时，认为应该将三溪氏的精神转化成庭院这样一个空间，取名为「残心阁」。残心是从禅语而来，原本的意思并不是留恋或者牵挂，意思是即将完成了一件事时获得深切体会前的心理准备。我是想让三溪氏的款待精神穿越时空在现代复苏，在现代流传。然后，让使用者用身体感受这座庭园，在深思熟虑后考虑如何利用它。我认为这点是最重要的，所以将庭园取名「残心庭」。这个空间的构成是为了能表现出款待的心意，使用方法则委以主人的人格力量。另外，还使用了一部分三溪氏爱用的石雕和喜爱的青苔，以此追忆三溪氏的生平并把他的喜好告诉世人。我希望通过这座庭园的建成使我对三溪氏的尊重之情升华，并且希望这座代表横滨建在日本文化中心地的「日本款待之心」也能被永远地传承下去。

植物、岩石和铺砌区域将花园与残心庭的接待大厅连在一起

石刻灯笼位于苔藓密布的高地上，以竹制栅栏作为大背景。该灯笼由Nishimura Kinzo设计，
是精心设计的花园的焦点所在

树木装扮着开阔草坪的边缘，后方为使用传统方法设计的庄严堂皇的鹤翔阁

由 Nishimura Kinzo 设计的石灯笼位于高高的栅栏前方，该栅栏使用薄薄的水平竹段打造，并使用垂直的竹竿进行固定

原始的水盆和花园中的踏脚石被重新应用到布局紧凑的庭院花园之中

高圆寺「参道」

高円寺「参道」

大自然中有一个为我们净化心灵的空间，也可以称为可以净化心灵的空间。曾有一次，我将自己置身于这个空间，心中的疑惑迎刃而解，感觉神清气爽、充满活力。这是一个可以还原人性不可替代的空间，具有与宗教空间近乎相同的功能，是一个还原人性更使自己遇见本来的自己的场所。在那里寻求适合祈祷的空间，使参拜的人们「袒露」自己的心灵、发现自己内心深处想法的空间，那个空间正是成为内心根据地的地方。寺院空间中最重要的空间称为本堂，信仰的中心本尊被供奉在那里，是净域之地寺院中最重要的场所。

「参道」是通向本堂的空间，所以对于主角的本堂来说是配角空间。与这样的理想相反，大城市的寺院（以本堂为首的净域之地）大多建造在密集的住宅区或大楼中间，完全没能达到空间本来的作用。参道也是如此，宿风山高圆寺也是如此。虽说本堂周围相对一般的城市中心来说绿色比较多，条件也不错，但是参道却是另一番光景。这是一条比较长的参道，但是虽然叫作参道，实际却是周围居民的生活道路和晚上的免费停车场，只有很少一部分人知道这是寺院的参道。

为此，高圆寺实施了这次恢复参道本来作用的整修计划。我们并没有为这条参道改一个特别的名字，只是将它恢复成通往本堂的空间。为此，首先要使这个空间独立，配置了山门作为结界。我一边考虑使参道越接近本堂越具有净域感，一边又注意不能把自己的主张带入参道的设计中，说到底这是通往本堂的途中，清净参拜者心灵的空间。希望今后，这条参道成为每一个参拜本堂的人整理心绪的重要空间，充分发挥它的作用。

主门的厚重木门板使用寺院顶端的石刻进行装饰，将外面的风景带进来

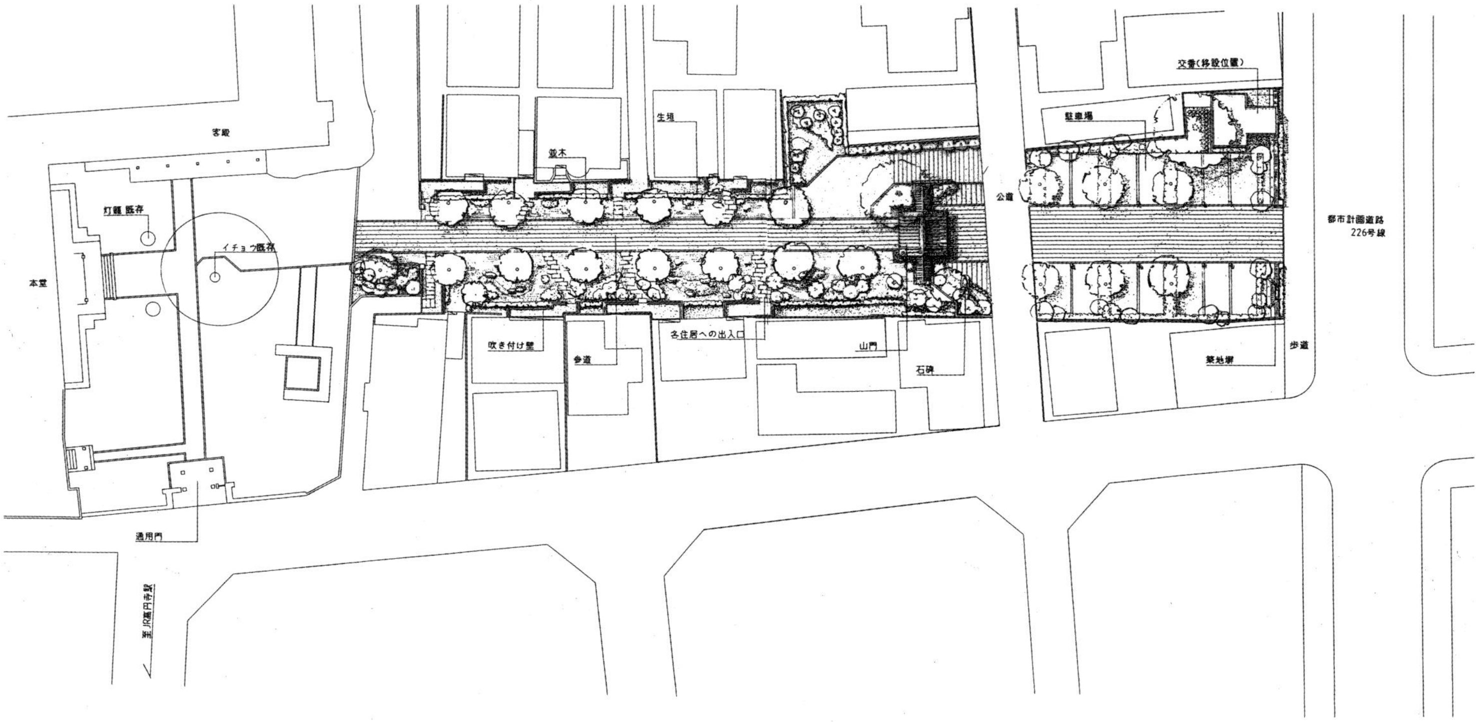

参道始于南边宽阔的石砌路，穿过邻近的街道和主门，然后逐渐变窄，穿过封闭式的花园

到达高圆寺的游客会经过一扇巨型的大门，这扇大门是通向参道的重要门户

从寺院望向主门的风景展示了宁静的入口花园的内敛风情

墙体设计精美，其上设有开口，高高的石质地基前方设有低矮的篱笆，是通向高圆寺参道的开端

涟漪式的豆粒砾石围绕着自然风化的岩石，而岩石又设置在厚厚的地面遮盖物上，营造出一种宁静的空间氛围

宽阔的以石材铺砌的通道穿过邻近的街道，到达主门处和远处的封闭式花园

高高的篱笆、后方的树林，以及道路两旁的树木，都具有遮蔽附近居民区人们视线的功能

无心庭

無心庭

要做到一直平心静气是非常困难的。更别说那些生活在现代社会中经常被时间追赶着的人们了，大多情况人们由于忙碌甚至连自己的内心都忘记了。这种失去自我被周遭的世俗推动的状态，写作失心，读作忙碌，相信你们能明白吧。人在安静的地方，被超过自身的力量的巨大的东西包围时，大多都会回到初心。山、海和森林就是代表。我这次的目标是，将庭园和建筑物的空间建造得如同大自然自有的功能一样，能抚慰人们的心灵，引导人们进入无心状态的空间，就是「无心庭」。

有一句禅语叫作「无心归大道」。这句话的意思是只要一直保持「无心」的状态，大道就自然而然地打开。「无心」并不是没有心的意思，也不是空白的状态。是舍弃想尽办法编造、挑三拣四或者想要领悟的算计。这样的状态下，心可以自由自在地活动，其本质就是「空」和「无心」的状态。只要能达到这个「平常心」的境界就自然而然地打开了成功之路。比如说，庭园里吹来一阵风时，人们会感到一阵凉意吧。觉得无条件地捕捉到人生最大的幸福的心就是「无心」。

另外，建造这座庭园和建筑物的目标是使其成为如大自然般温柔地包围人们的空间，成为在这个基础上正确地传承日本传统的价值观和审美观的现代综合艺术。当然，那里还不可缺少具备与日本美相同品格的事物，而且必须建造一个具有日本文化精髓的精神性的空间。这个空间只有在庭园和建筑物有统一价值观的基础上设计出的才能获得。具体来说就是这次的建筑物是有了庭园才存在的建筑物。也就是说，光有建筑物就没有任何存在的意义，另外，各个房间的配置和门口都设计得从室内可看到不同的景色，并参考视线的高度后设计庭园，明确评价了各个空间。日本的庭园和建筑最深的关系是被称为轩内的内部空间和外部空间的中间领域的充实。另外，明确了远眺的霞浦和

石砌通道和踏脚石一直通到四面佛像水盆，该水盆设置在窄小的溪流里

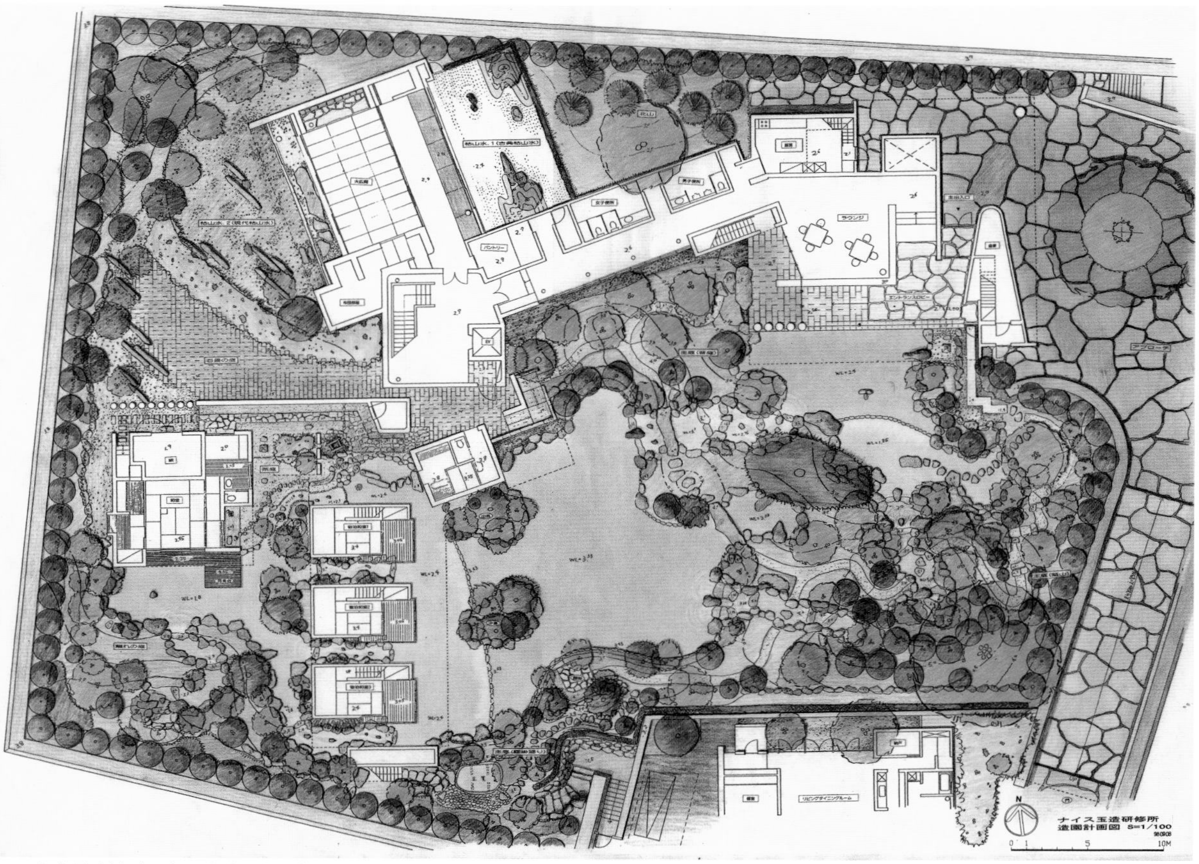

Suifūso 客房周边被无心庭围绕着，庭园占地面积很大，为不同的室内空间营造出不同的风景

主接待大厅融合了传统与现代元素，而光秃秃的枯山水庭院进一步凸显了这一大胆的设计

庭园景色的区别，把哪个景色收入室内是最重要的课题。结果是在庭园里建了「白云瀑布」「秋风瀑布」「梅香瀑布」，以此为中心在建筑物的周围建了水面高低各异的水池。目的是有的时候，水面形成的中间领域把光线反射到室内的天花板上，呈现出摇曳的波纹的效果。这个设计，正是针对现如今泛滥的欧美审美观和物质化的价值观，以弘扬日本文化的正确继承方法为己任而考虑出的，富有深刻的意义。

道元禅师有一句歌：「春开见花，子规鸣夏，月当秋夜，隆冬茫茫雪送寒。」「susushi」是凉爽的意思，也有自己被日本四季的各种美丽的自然所包围，自己的心情很舒畅的意思，也可以说是「无心」时第一次体会到的心境。我怀着建造一个有这样功能的庭园的愿望，给这座庭园取名为「无心庭」。我确信人如果能有拥有感激周围微小事物的自由之心的话，就能第一次和本来的自己相遇。

顺畅的石砌通道一侧有一堵粗糙的石质墙体，通道上还设有两个石刻岗哨，标志着Suifūso酒店的入口所在

通往主花园的台阶将正式元素和非正式元素结合起来，台阶边缘饰以精美的石材，并镶嵌了小一点的岩石，岩石之间还散落着一些较大的平坦石块

设置在陡峭斜坡中的石灯笼拥有有感染力的几何外观，与“梅香瀑布”柔和的苔藓景观形成鲜明的对比

大型的石板桥的两侧设置了很多粗糙的黑色岩石，将池塘那被苔藓覆盖的两岸联系起来

障子滑动打开，展示了这样的风景，从传统的建筑架构到“梅香瀑布”

接待大厅的滑动式障子打开时，展示了枯山水庭院的美景

一块大型的“脱鞋石”和附近的踏脚石在接待大厅和花园之间营造出过渡空间，同时方便人们在这里稍作停留，在进入大厅之前将鞋子脱掉

通过整合传统和现代风格，踏脚石和一座用两块厚石板打造的桥梁一直通到客房的入口位置

与浅色地板形成对比的是深色的踏脚石和石质走道，它们引导着客人依次往返于茶室的等候座椅处

正受庭

正受庭

「对峙的空间，哲学的庭园」，这是我追求的叫作中庭的极小空间。先从这个馆的主人最初给我的信来介绍吧。信中写道：微弱的光线射入庭园，虽然在园子里却能感受到外面和自然交集的庭园。微小的空间通往无限的世界、连接天空通往形而上的世界，想要一个这样的能够映照出自己内心的庭园。专攻宗教哲学的主人对中庭提出了这样明确的要求。

因此，将命名为光庭的这座中庭放置在「无意识、无我」的空间位置，眺望着中庭的自身与中庭这个对峙空间相交流，寻找出埋藏在心灵深处最重要的东西。自己在存在的意识领域（建筑物）眺望放置在无意识领域的「中庭」。我想建造的是，穿过中庭再次走出无意识的空间，最后就是空，也就是与自然相融合的空间。我的想法是，在与这个受限制的庭园对峙时，能深切体会到「我是自然，自然就是我」。

高于地面的高地边生长着一株枫树，其为庭院花园的封闭式空间增添了一种垂直性元素

与中庭这个被限定的空间交流时，人就与无限广大的大自然融为一体，心灵也得到释放，像是存在于被巨大的东西包围着安乐平静的氛围中。因此建造了这座伴随着高度精神性的哲学而形成的庭园。本来，宗教、哲学和精神性等都不存在具体形状。但是，正如曾经有位禅僧试验过的，想把没有形状的东西用空间来表现时，这座名为「正受庭」的中庭就应运而生了。所谓正受，就是「心静安定的状态」，指的是这样的心态下所有的事物都能被正确地反映的清心状态。正是和本庭园向往的东西相吻合的一个词，就用此命名了。

低矮的窗户使人们将目光投到浅溪中的水，水从简单的竹槽汩汩流入粗糙的石质水盆中

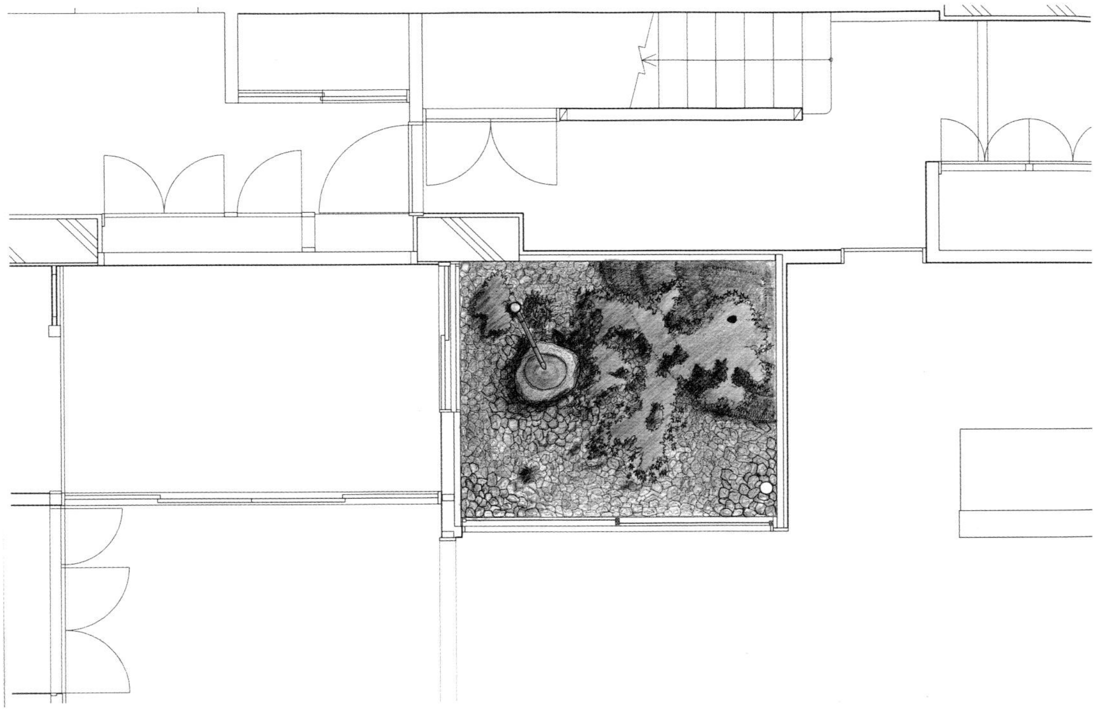

正受庭的设计方案展示了设计师精心筹划的“空间”（浅色的石基）
和三维元素构架（植物和水盆）之间的平衡

听枫庭的砾石「海洋」从有遮蔽的走廊下方穿过，该廊道将接待大厅与寺院主体建筑联系在一起

听枫庭·水到渠成庭

聽楓庭·水到渠成の庭

库里客殿的新建建筑物中，有两个庭园。一个是客殿庭园「听枫庭」，另一个是被客殿、玄关、主持室和库里包围着的「水到渠成庭」。这两个庭院是作为山内整修计划的一个环节而生，与建筑一起建造的。

在重建库里客殿的工程前，作为招待宾客的场所，新建了「紫云台」和它的庭院「龙门庭」。「龙门庭」和客殿庭院「听枫庭」隔着驻地墙相背而立。另外，从「听枫庭」的四个和式房间、从客殿看出的景色，以及从客殿通往「紫云台」走廊上看到的景色，都是经过深思熟虑后精心设计的。我追求的是将这两座背向而立的庭园设计得具有很大的关联性，趣致却又截然不同。另外，各个庭园的植物也根据庭园的背景而各不相同，必须以先建成的「龙门庭」的植物的位置为前提来决定「听枫庭」的设计。

「听枫庭」风格沉稳，是一座让人想要安静地眺望着的庭园。捕捉日光微妙的变化中，树影随之变化，在微风中摇曳着的枫叶枝头，令人感受到这种自然变化的「无常感」，当欣赏的人和自己的人生重合时，能够使他得到具有深远意义的精神性，这是我的目标。另外，我以从前种植在这座寺中的黑松为主要的树木，再种上几株日本山枫，铺上石头、青苔和白砂。建造在建筑物东北侧的「听枫庭」正面朝南，是庭园最理想的位置。

「水到渠成庭」主要的景色是来自住持室。对于住持来说庭园具有很重要的传播性，所以用水流来表现先代住持一脉相承的历史。意图在于传达传统的积累和住持职务的重要性。

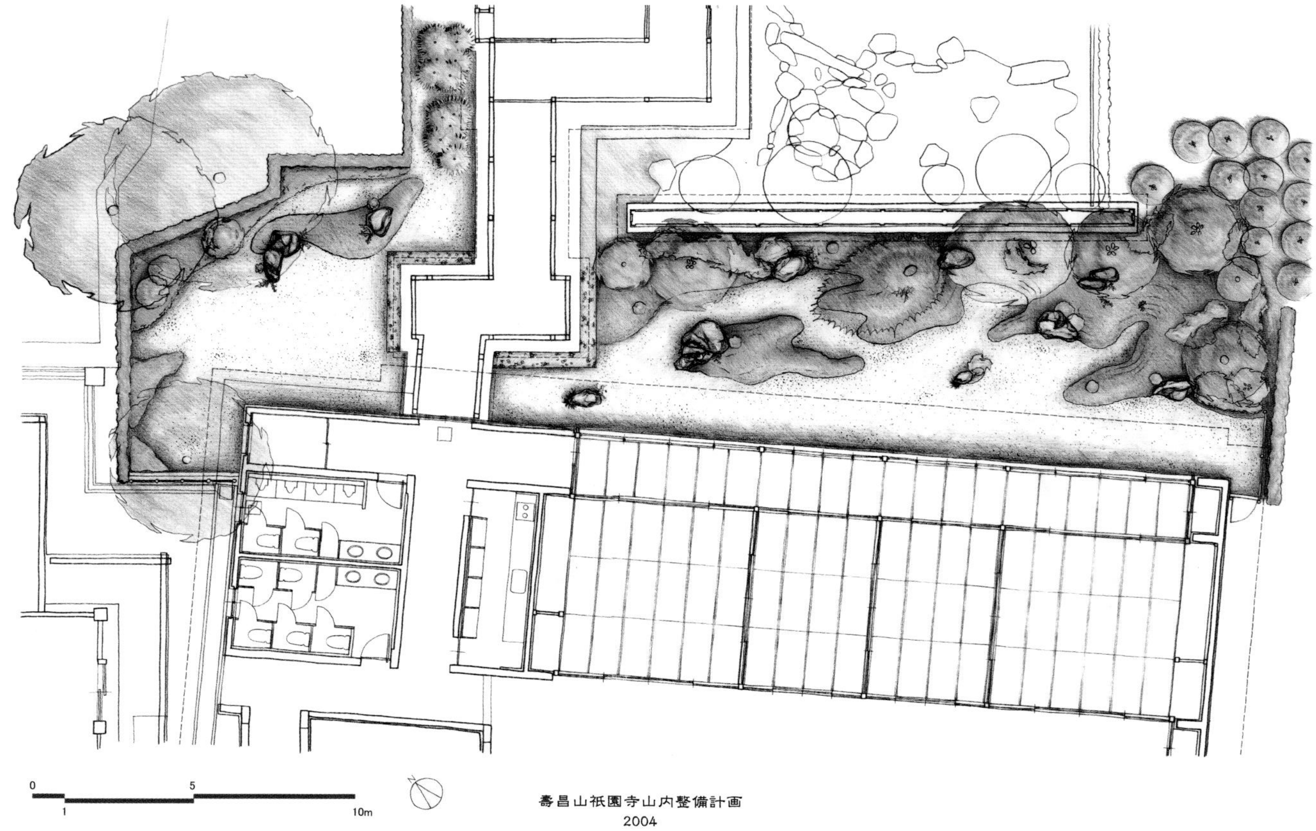

花园中的岩石和松树是花园中原来就有的，花园改造时被重新利用起来，在改造后的花园和原来花园之间创造了一种关联

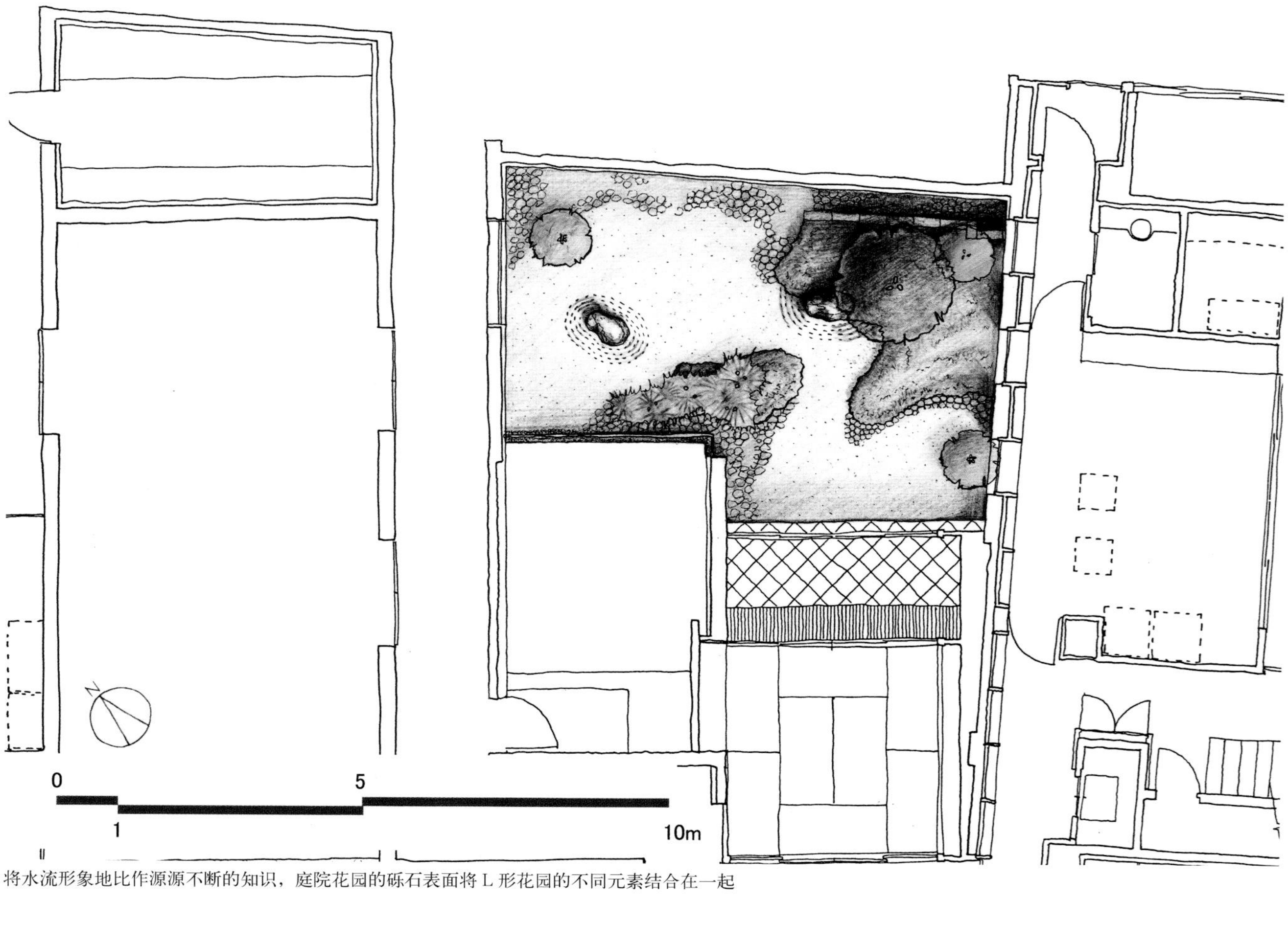

将水流形象地比作源源不断的知识，庭院花园的砾石表面将 L 形花园的不同元素结合在一起

从住持室看到的景色（效果图）

听枫庭在设计上，既可被视作一幅连续的全景图，又可被视作一系列的壁挂风景图

石头、绿植和白砂构造出的禅意世界

在走廊上看到的景色

听枫庭顺着接待大厅延伸，一直延伸到走廊下方，通过东北边的高高的墙体与邻近的花园分隔开来

在走廊上看到的景色

开阔的铺设了榻榻米垫子的游廊设置了滑动式玻璃门，不管这玻璃门是打开还是闭合，内、外空间之间都具有很强的关联

在不同季节不同时间展现不同姿态的听枫庭

与接待室融为一体的中庭

听枫庭在设计上是为了使人们即使坐着也能观赏整座花园，其接待室以传统木质结构为空间框架

住持所住房间的瓷砖地板一直延伸到水到渠成庭之中，在内部空间和花园之间构建了很强的关联

梅花庭

梅華庭

将寺院全部转移是非常罕见的，曹洞宗圆通山西见寺是从浜松市市区全部转移到郊外的。我整修了这座寺的总门到三门参道两边的庭园。这座寺的山主是福井县小浜市发心寺的曾堂后堂，是一位平时主要指导修行僧、以坐禅为生活中心的大师。

拜访这个地方时，我被一棵种在参道预定地旁的古梅树吸引了。看着它我想起了道元禅师《正法眼藏》中屡次出现的老梅树。书中说：修行即是领悟的世界，修行与领悟是一体的，领悟是修行的赠物。老梅树表现的是常年修行的姿态，时期到时梅花不用自夸，清香袭人的花朵就会挂满枝头。这姿态就是领悟的姿态。我把这句话与常年坚持修行的这座山的住持的姿态相重叠，因此将此庭园取名为「梅花庭」。

因为希望自己每次通过这条参道时，也能再次提醒自己修行的重要性。

从正门看过去，篱笆和枫树界定了花园的边界，且与通向主门的中央石砌步道平行

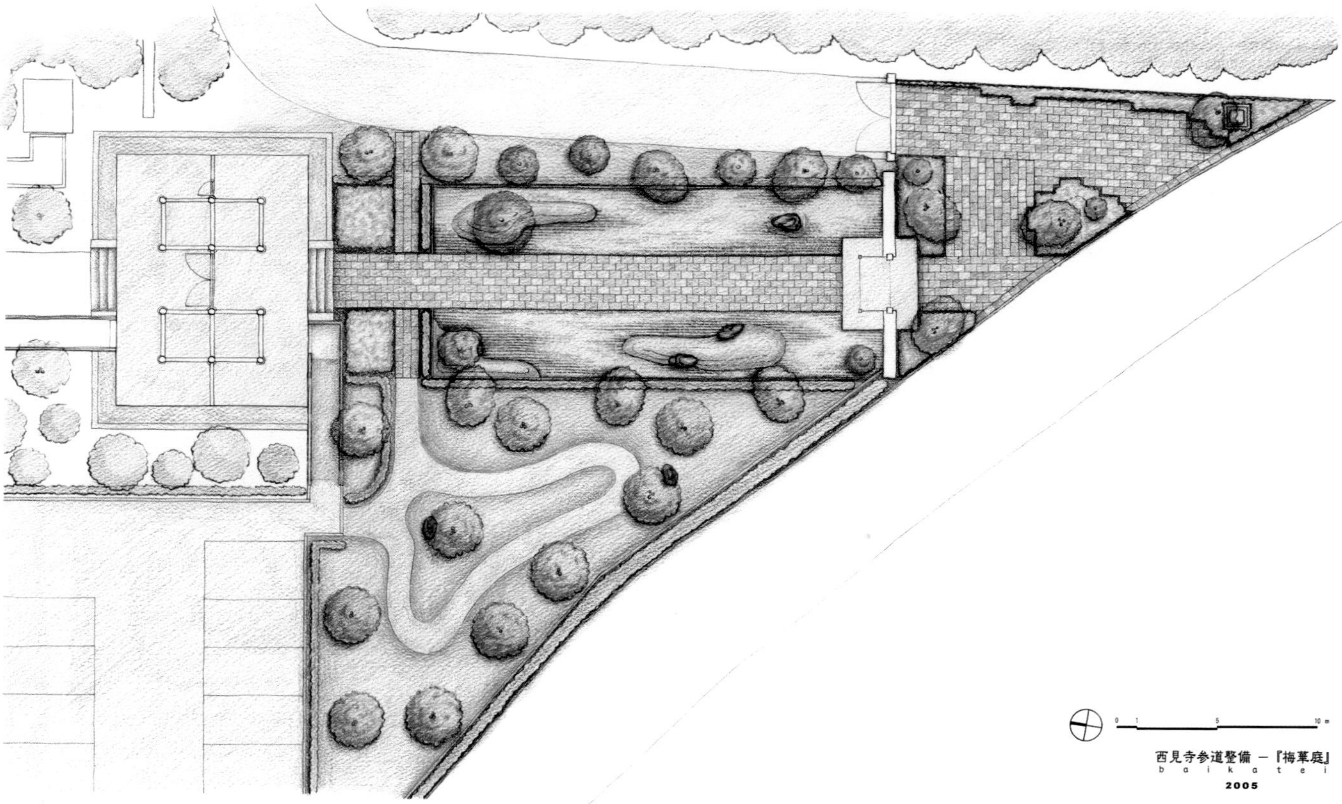

基于形状独特的地块，枡野俊明打造出三个不同风格的花园区：铺砌式三角花园打造了道路一侧的入口；长方形的主花园位于两扇大门之间；三角形的梅花园中有一条蜿蜒的小路

在山门前眺望参道

苔藓覆盖的高地周边土地上铺设了豆粒砾石，这些高地由大型的粗糙、有纹理的岩石打造而成

刻有寺院名称的石头指示出入口区域，而一堵高高的白色抹灰墙位于正门一侧，墙体后方即为花园

月心庄庭园

月心莊庭園

这座建筑是由旧民房移筑改修而成的，房子的主人以东京为据点在世界飞来飞去，这是他为了身处大自然的周末住宅。庭园主要由三个园子组成，分别是客厅前的主庭、浴室前的庭园以及通道和玄关前的庭园。

客厅前的主庭既实用又是观赏空间。有主人喜欢的可以打羽毛球的空间，也有能应对室外聚餐、又能作为客厅外的观赏空间的场所，是一座具有双重功能的庭园。另外，庭园设计中还有意识地加入了远景，可从树林的间隙中眺望富士山。

在浴室前的庭园空间中，在浴缸中放松身体时，能够充分感受到高密度的大城市所感受不到的，被丰富的大自然包围的感觉。庭园是枯山水，地面由里向外渐渐变高，瀑布和流动的石头使空间扩大，使景色更有效果地表现出来。从瀑布里涌出的清水，使人头脑中涌现出水流一直流向浴室的想象。

通道和玄关的前庭是体现这个庭园整体印象的重要空间。长长的通道足够人们进入这座建筑物后展开对庭园的期待。这条长长的通道勾勒出缓和的曲线，比起用山枫树封闭空间更有效果。玄关前的庭园被绿色包围，视线如同被石板路引导着，享受着到玄关这段路的空间。

这座庭园是将自然丰富的空间庭园化，其设计就是在那里引导出开放性的精神。

主花园中拥有大片的草坪和石砌露台，为人们的游玩、娱乐活动提供了充足的空间

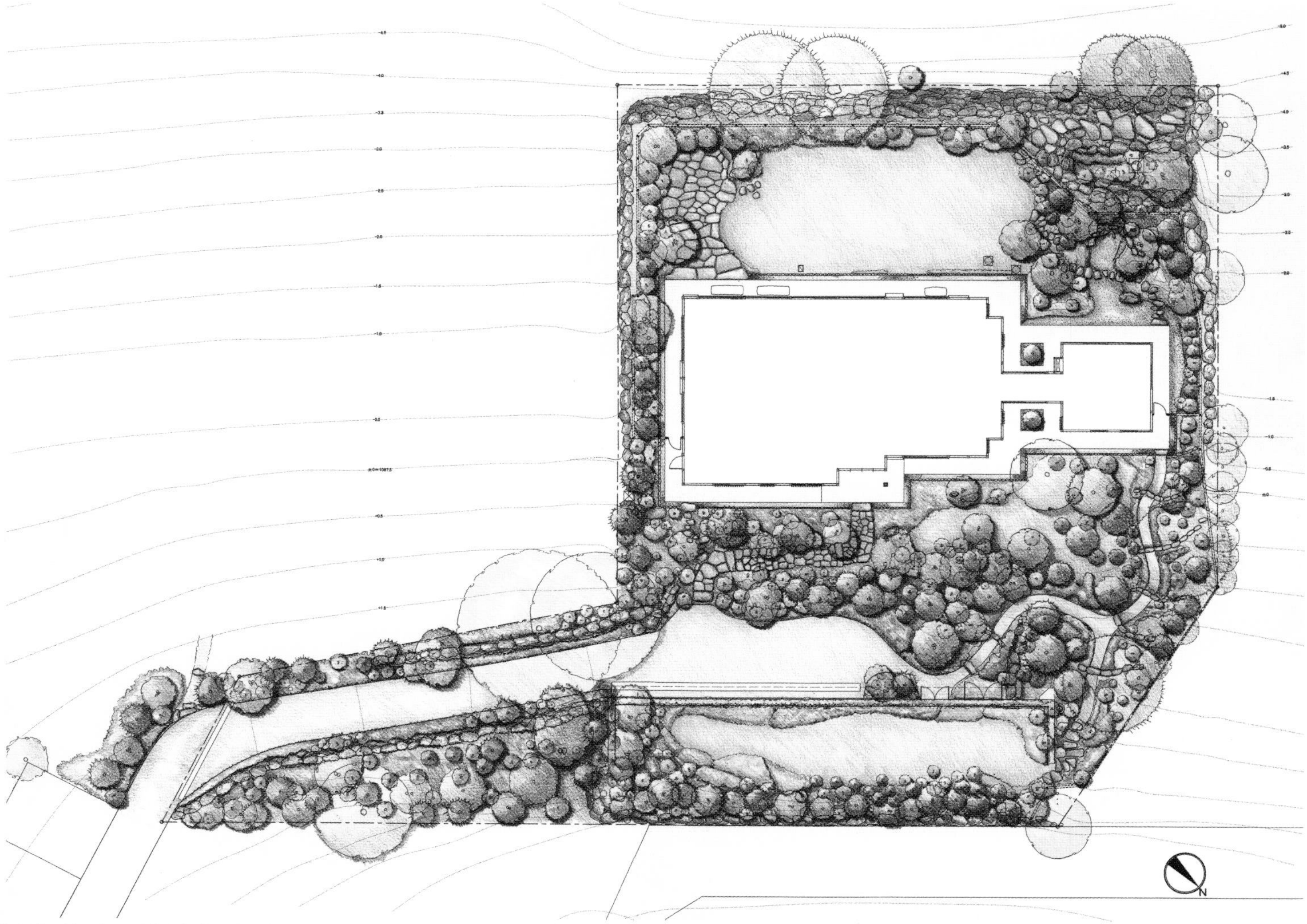

从车道开始，入口通道曲折穿过翠绿的风景，一直到达入口大厅位置，而开放式的主花园装点着住宅的另外一侧

浴室外的枯山水庭院的主要特色是跨越豆粒砾石小河的踏脚石，该小河发端于“龙门瀑布”

花园中的通道通过使用一排排的石子呈现出高于地面之感，在苔藓覆盖的高地和浓密的植被间迂回前进

蜿蜒穿过入口大厅的石砌通道由各种不同形状的大型石块打造而成，这些石块镶嵌在苔藓覆盖的地面上

大型的玻璃滑动门打开时，即将内部生活空间直接与主花园的开阔空间联系在一起

瀑布石前的踏脚石

主花园中的露台由不同规格的大型石材打造而成，与通向入口的铺石走道颇有些相似

听雪壶

聴雪壺

已经是很久以前的事了，初次访问银鳞庄时，建筑物几乎被大雪覆盖。我至今仍然记得，当时看到中庭附近积满大雪时，内心被净化的感觉。现在想起来，那场雪净化了这个地方的每个角落，造就一个静谧的场所。

之所以给这个庭园取名为「听雪壶」，是因为要设计这座有深刻回忆的中庭时，我再一次回忆起当年的景色，意思是这里是一座听落雪声的庭园。

这个中庭仅由三块石头和白砂构成，令人联想到雪的白砂如同雪一般净化探访者心灵，迎接着人们。旅行者进入这家料亭（编者注：日本一种价格高昂，地点隐秘的餐厅）旅馆的玄关时，首先映入眼帘的就是这个中庭。中庭并不大，却担当着银鳞庄门面的重要职责。庭园能减轻旅行者多日奔波的疲劳，让他们感受到旅游中的乐趣以及对住宿的期待。款待客人的中庭，那就是听雪壶。

透过低矮的长窗户向入口大厅观望时，多层次的（实体方面和理论方面）枯山水庭院风景尽收眼底

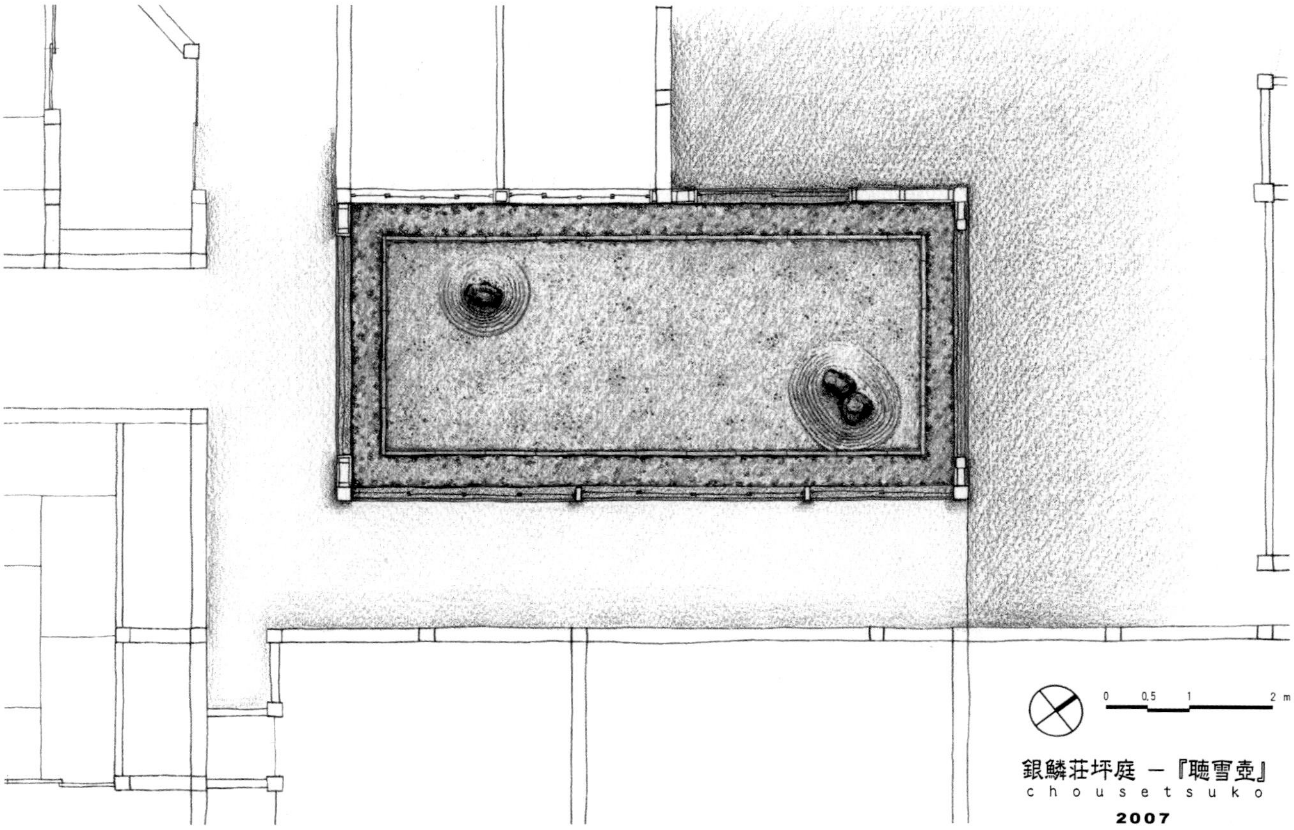

庭院花园将光线引入周边的房间之中，使人们欣赏到简洁、优美的花园美景，
同时又可一瞥天空的景致

当人们初次来到入口大厅，简朴的花园令人眼前一亮，并与大自然有直接的联系

从玄关观看由三块石头组成的景观

听籁庭

聴籟庭

市中心的私人住宅，对主人夫妇而言是工作、休息的场所，也是温馨的家。夫妇希望的庭园是有小的瀑布、河流、小池。可以从大厅、品味茶道的和室里观赏到庭园。

在这局限的空间里，庭园同时具有了观赏和茶道草庵的功能。瀑布作为庭园的主景，小池后面营造了地形高差，比起植栽更显自然。作为主屋一部分的和室，运用了京间的四帖半，为了茶室打开门窗后与庭园融为一体，设计延伸到了室内。在庭园的角落处，布置了由混凝土做的座椅，融入建筑物氛围中。

由于在庭园里种植的黑松随着风敲打着各自的枝叶，其声令人心情舒畅，故命名「听籁庭」。在家庭日常生活中，能体验日常生活里感受不到的宁静，这是我们期望的设计。

在等候座椅附近，石灯笼，水盆和植物大背景相映成趣，这里是花园中植被最茂密的地方

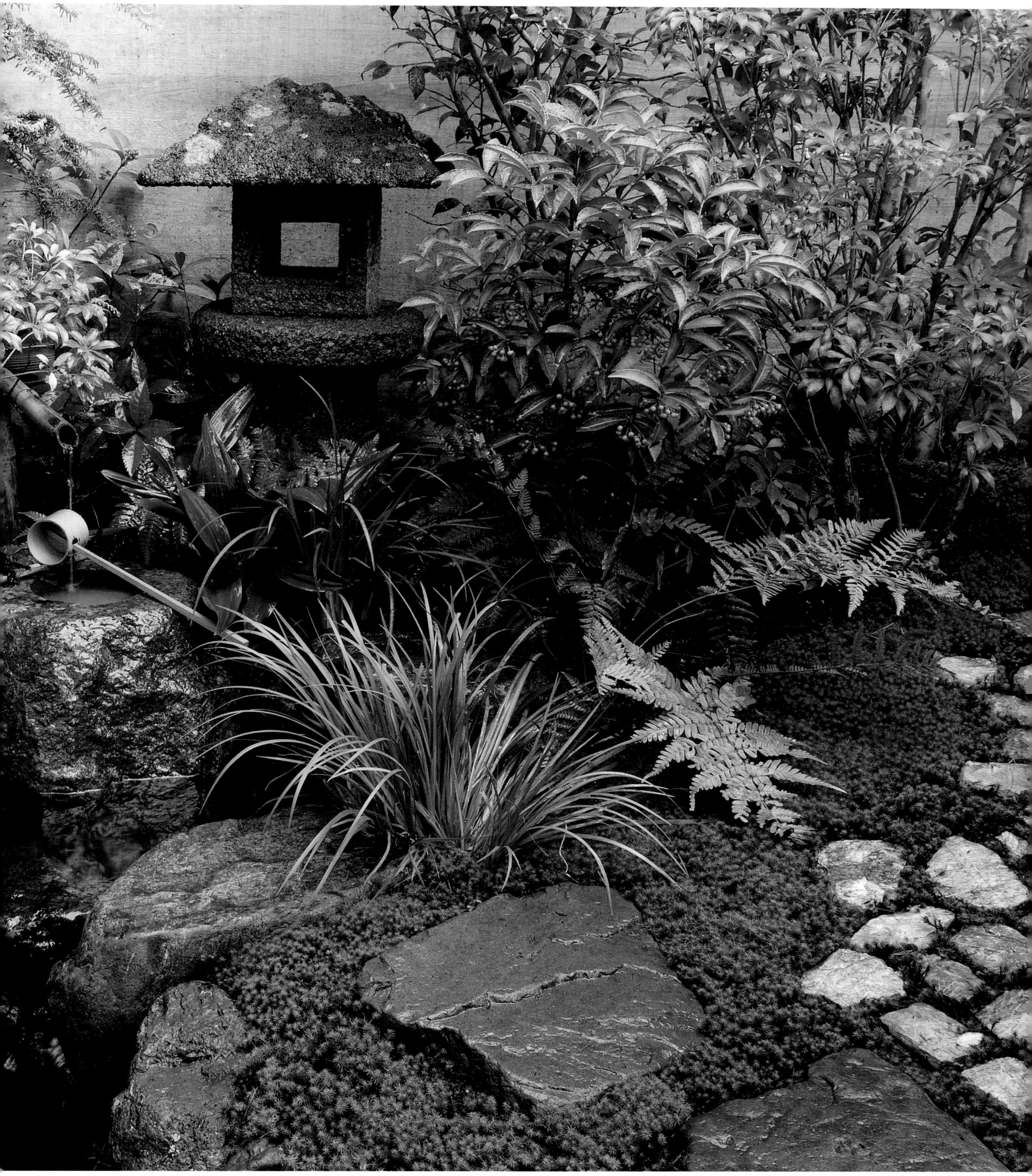

剖面图展示了封闭式的茶室与有边界的花园区之间的联系

基于开放式空间的设置，花园占据了地块的东南角位置，而花园中植被最茂密的地方距离住宅却最远

有着几何外观的石刻水盆设置在粗糙的石座顶部，该石座位于茶室附近池塘的一角

一条溪流始于等候座椅前方的石灯笼和水盆附近，穿过花园，进入池塘之中

从茶室回望庭院

通向时髦的坐等处的楼梯

视线越过池塘到达茶室，从简单的混凝土楼梯到等候座椅，水的表面展示了人们的意识层面，而池塘底层展示了潜意识层面

铺石走道的传统设计与等候座椅的现代风格、材料形成了鲜明的对比，并做了极好的补充

从茶室看到的庭院

与庭院融为一体的茶室

装饰性凹室是茶室的焦点所在，拥有传统式的“四帖半”榻榻米和细部的木质结构

甬道拥有很多的过渡式结构，石质走廊使游客缓步穿过花园进入茶室，使人们拥有充裕的时间进入茶道的精神世界中

莹山禅师转法轮之庭

瑩山禅師転法輪の庭

福井县的武生是开创曹洞宗大本山总持寺的莹山禅师的出生地。莹山禅师是把道元禅师从中国传来的曹洞禅在日本发扬光大的禅师。在曹洞宗，道元禅师被尊为高祖，莹山禅师被尊为太祖。在这片纪念莹山禅师的地方，御诞生寺得到了新的土地，由原曹洞宗管长、大本山总持寺贯主板桥兴宗重修此地。新建的众寮、坐禅堂中间的空间作为庭园，通过庭园徐徐到达玄关。故此庭命名为「莹山禅师转法轮之庭」。这是为了纪念莹山禅师在日本全国说法，普度众生而建造的庭园。庭园由地势起伏的苔庭、三块石头和白沙流所构成。假山附近的嶙峋景石代表说法的莹山禅师。他的恩泽，犹如这流淌着的白沙无垠无际。其他的两块石头象征的是观音菩萨和来向观音许愿的母亲。来寺院参拜的人们，走在庭园的石板路上观赏四周时，是否能聆听到莹山禅师说法呢？

具有几何图案的小路跨越了砾石小溪，穿过布满苔藓的花园高地，一直到达僧人住所的入口位置

镶嵌在苔藓高地中的岩石代表了在向观音祈祷的莹山禅师的妈妈

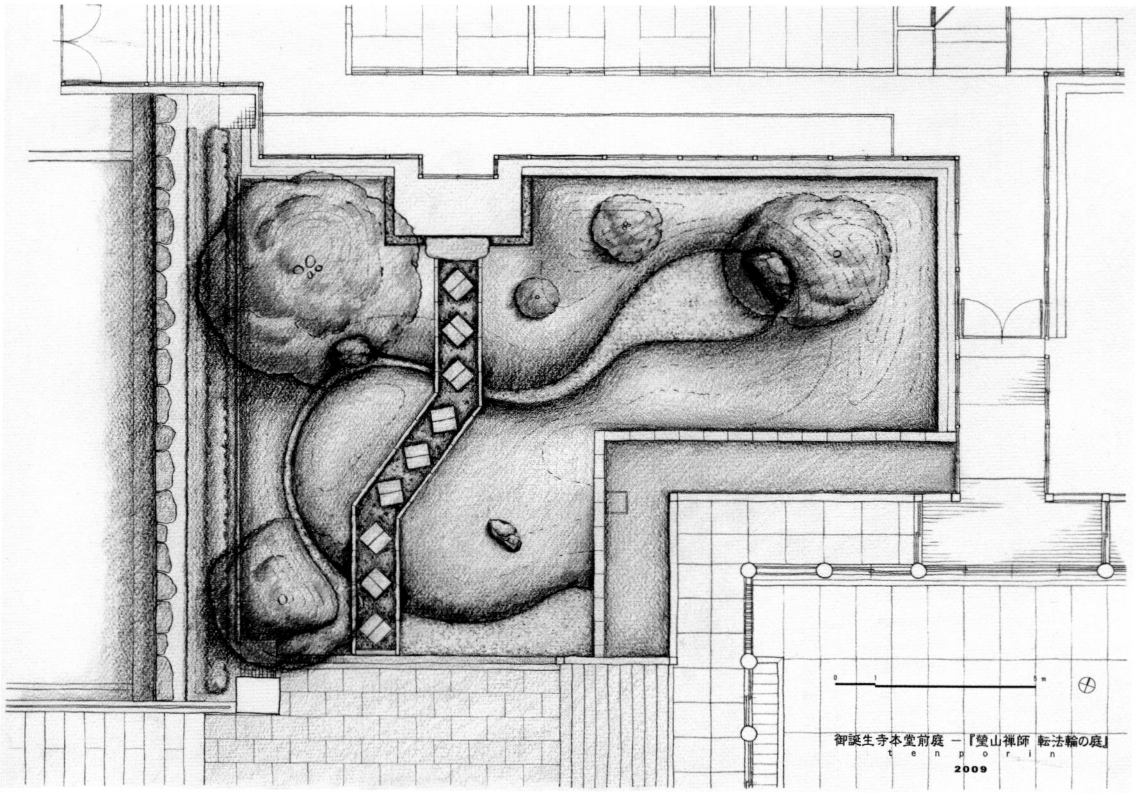

花园一角有一株枫树，一条覆石走廊将宿舍与主要大厅联系起来，并指示了莹山禅师孤赏石所在地

孤赏石代表了莹山禅师，而孤赏石前方的砾石小溪又代表了其传授的思想流向了全世界

透视草图展示了当人们慢慢靠近建筑时，花园在空间高度和空间元素密度上的提升

寒川神社神苑

寒川神社神苑

寒川神社神岳山的调整备置是因为平成九年（1997年）新社殿建成后，原本可以看到的社殿后面的一片树林被新建的社殿挡住了视线。为了能重新看到这片树林和代表神社起源的地下泉「难波小池」，做了周围的备置调整。

首先，把在视平线两米以上主要的树的根部修剪后搬移，在神岳山堆土八米以后，按设计位置移回，并加以补植。「难波小池」的泉水犹如在底部涌出，由于周围摆放了叠石和针叶树，更好地营造了深山神圣的场所。此外，神岳山作为禁地，一个人们没有进入过的领域，恢复了原有的位置。在神岳山的内侧的内拜地、入口处门外、入口处附近都配有洗手的水屋，并加以景色修饰。

二期的御神苑整备计划是以池泉回游式庭园作为邻接神岳山的内部庭园。庭园内有四帖半的台目席茶室、立礼席茶屋和小规模的茶叶展示馆。它们作为庭园的一部分，根据回游路线，被建于庭园内各地。来访的游客，以池为中心巡游，可体会到以上设施带来的乐趣。庭园以弘扬「平成文化遗产」为宗旨，在日本全国寻找材料，得到了众多能工巧匠协助。

庭园为了不出现重复的观赏景色，在地面、水面的高差，空间开闭，视线引导的场所与场所之间的距离变化都作有设计。作为禅之庭的象征「龙门瀑」的瀑布、流水、土桥和石桥等都有实景存在。从茶屋的大窗户处眺望整个庭园，可一览所有景色。茶室对岸是为了夜晚点起篝火、闻雅乐之声、赏舞跃之姿等设计的石舞台。为了更好地营造平静的氛围，地被多用苔藓。在庭园逗留少许时间之后，我们会忘却日常生活的烦恼，重新找回原本的自己。

踏脚石在内部花园中穿行，到达茶室屋檐下方，越靠近茶室大门，踏脚石变得越大，也越高

使用竹竿打造的简单的水槽将等候座椅区屋顶上流下的雨水汇聚起来

厚厚的苔藓间的踏脚石引领着人们穿过花园，并将等候座椅和茶道室联系在一起

花园的平面设计方案展示了池塘边新建山体上茂密的植被，神圣的小树林位于西北侧，茶室位于东边，茶叶展示馆位于南边，而博物馆位于地块的东南角

走道顺着弯曲的石质座椅一直通到 Warakutei 茶叶展示馆中，该馆位于较低的池塘一侧

大型踏脚石两侧的岩石在色彩和外观上各不相同，踏脚石一直通到具有不规则外观的石板桥

透过茶叶展示馆的木质结构向外看，外面的美景一览无余，从池塘，到石质台阶，再到多层的瀑布

博物馆大厅低矮的窗户展示了一幅极其静谧的美景——两块岩石被精心排列在碎石地基上

穿过内门，眼前就是深山幽谷的世界

设计时的素描

水珠四溅的三层瀑布和曲线优美的土桥给庭园带来了跃动感

茶屋、和乐亭旁的瀑布

三层的瀑布将较低的池塘与较高的池塘分隔开来，以陶制小桥作为大背景，该桥稍显拱形外观

“龙门瀑布”飞流而下的水穿过花园，一直进入池塘之中，气势恢宏

下池的立石

石桥

八边形石灯笼与陶制桥梁均位于轴线上，石灯笼的色彩和线条与周边的植物形成鲜明的对比

土桥两侧的铺路石

园路

装饰石造舞台的景观石

多种色彩的石质带状结构引导着游人到达现代风格混凝土结构的入口位置，该结构为神殿历史博物馆

收藏库

全方位的展示室

重新安置以前就在院子里的洗手池

通往茶屋和乐庭的疋田石小路

柿漆和纸的屏风和庵治石地板之间

庭园内的洗手间

园路照明

以稻穗为灵感的洗手盆

用濑户内海花岗岩制作的长椅

广场的照明和长椅

从马场看到的外门和本殿

桧皮葺的外门

柿葺的洗手处

通过外部的大门，翠绿的植物将客人吸引到花园之中，大门的木质铭牌上镌刻着“神岳山”，按照从右到左的传统顺序书写

神岳山的砌石

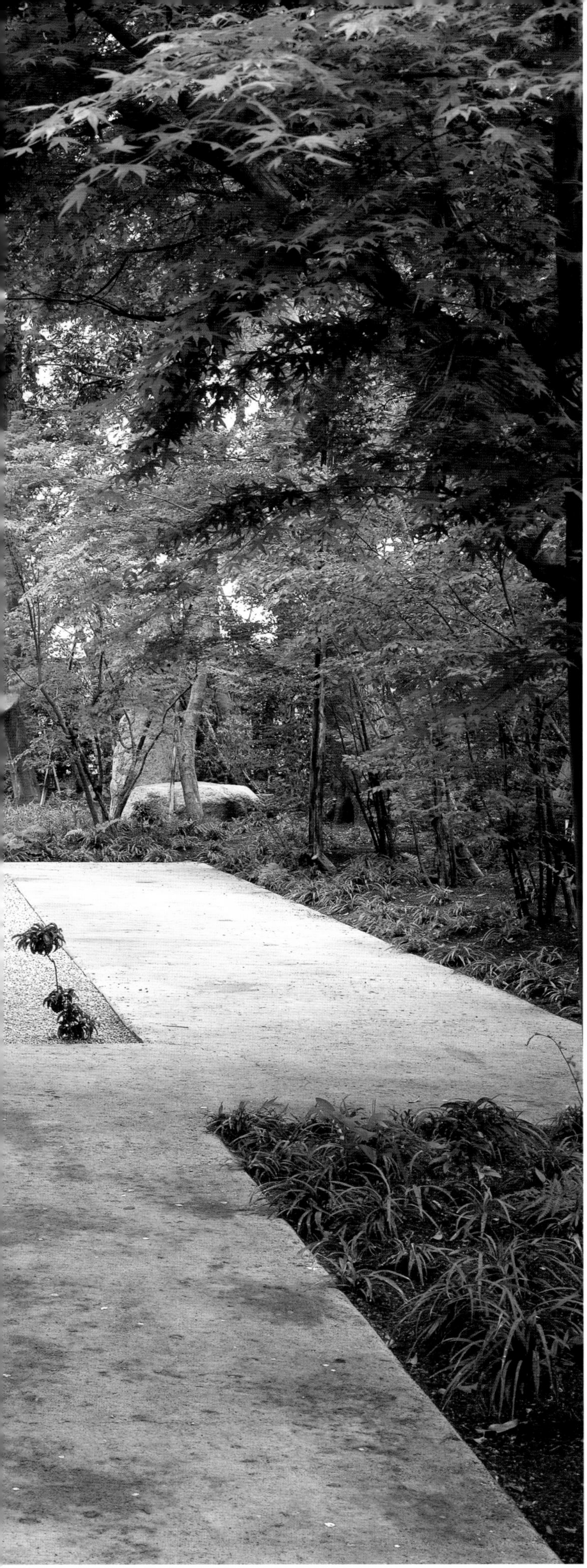

在外门附近看到的参拜处

用原来鸟居的基石加工而成的洗手池与八气之泉相对应，表示阴阳

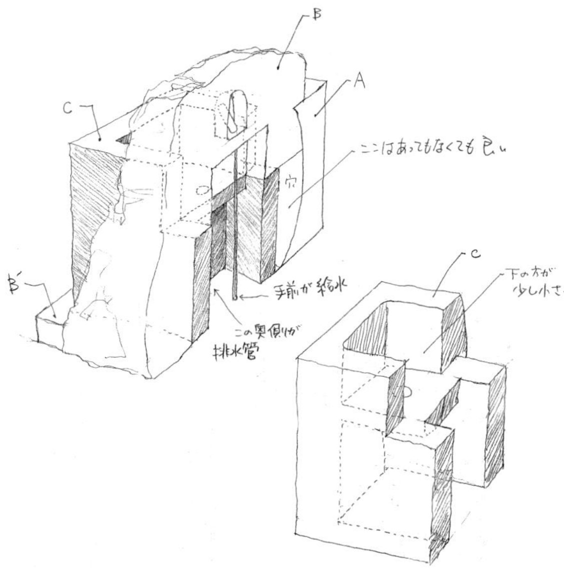
B
A
C
ここはあってもなくても良い
手前が給水
この奥側が
排水管
B´
C
下の方が
少し小さく

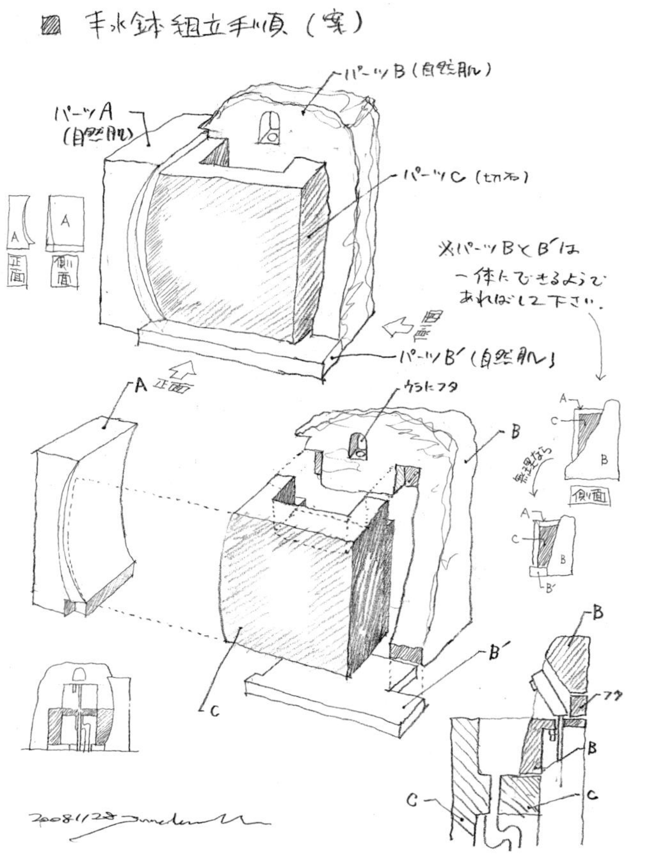
手水鉢組立手順（案）
パーツB（自然肌）
パーツA
（自然肌）
パーツC（切石）
※パーツBとB´は
一体にできるようで
あればして下さい。
パーツB´（自然肌）
正面
側面
A
B
C
B´
ウラにフタ
フタ

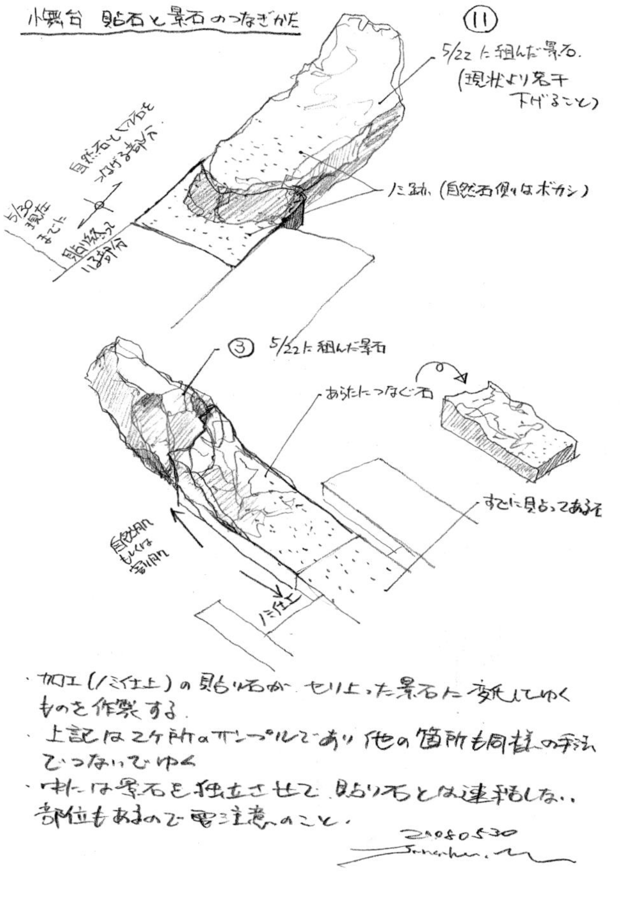
⑪
5/22に組んだ景石
③
5/22に組んだ景石
あらたにつなぐ石
すでに貼ってある
ノミ仕上
加工（ノミ仕上）の貼り石が、もり上った景石に変化してゆくものを作製する
上記は2ケ所のサンプルであり他の箇所も同様の手法でつないでゆく
中には景石を独立させて、貼り石とは連動しない部位もあるので要注意のこと。
20080530

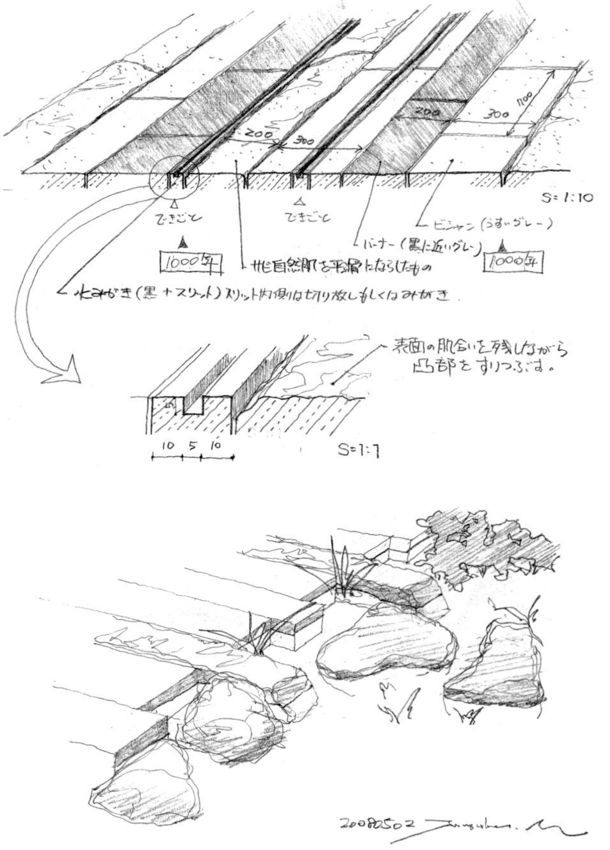
200
300
1100
S=1:10
できごと
1000年
1000年
ビシャン（うすいグレー）
バーナー（黒に近いグレー）
水みがき（黒＋スリット）
表面の肌合いを残しながら
凸部をすりつぶす。
10 5 10
S=1:1
20080502

现场指导的素描

设计时的素描

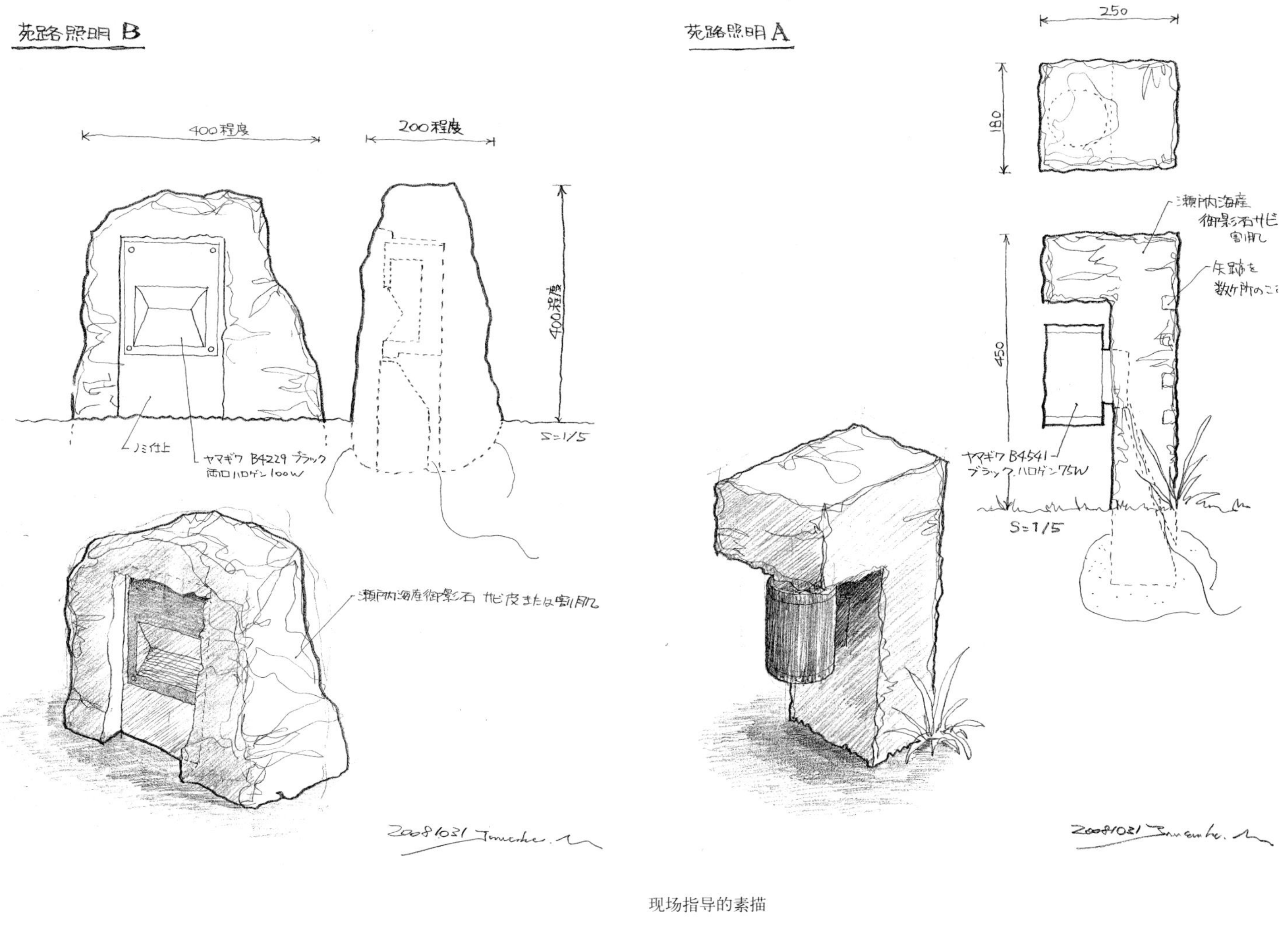

现场指导的素描

绍继路地

紹継路地

这户人家世代喜欢庭园，收集了许多石头来建造庭园。世代流传，这家人的屋子年久需要改修，他们向住宅改修的建筑单位询问了这些庭园用石的处理方法，回答却是全部处理掉。这时，他们找我商谈，希望能有好的处理方法。了解了此事之后，在有限的空间里延承祖辈们的爱好成为了这个庭园的规划方向。由于树木的费用及规模大小问题，此次改修中植物采用的几乎都是以前留下的树木。屋前的步行道是一条景观水路，庭园以展开的方式与周围景观融为一体。

这个庭园以「绍继路地」命名。希望这沿街入口到玄关的庭园空间，能让通过的人改变心境，也能让业主每天经过时看到祖辈们用心收集的石头而得到心灵的慰藉。

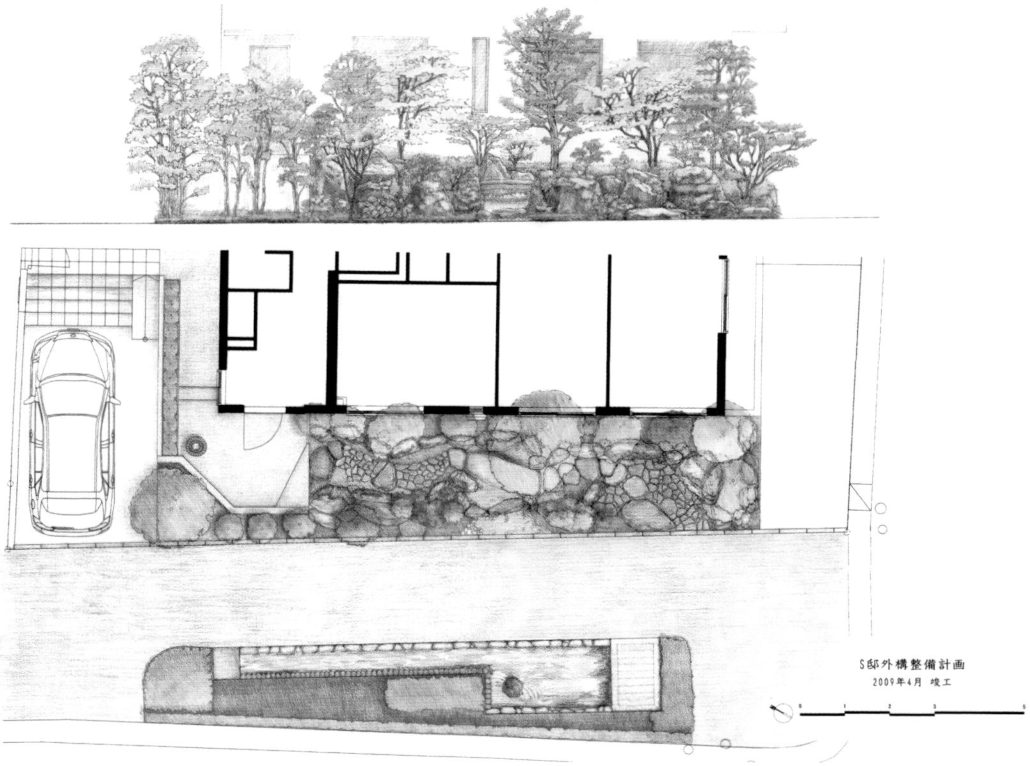
S邸外構整備計画
2009年4月 竣工
0
1
2
3
5

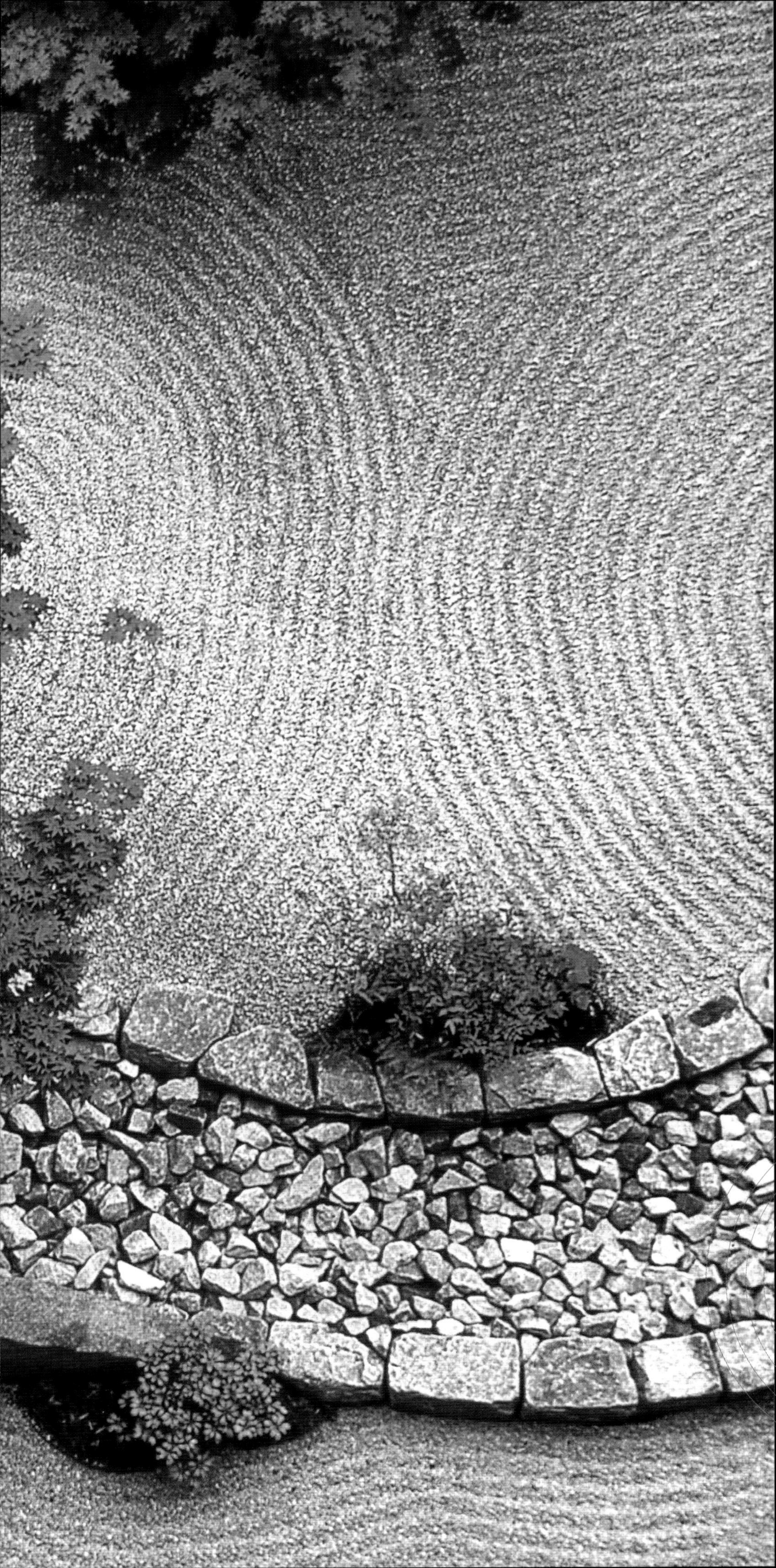

驻日加拿大大使馆庭园

在日カナダ大使館

通过将四楼的大使馆接待室与户外花园空间和远处的风景联系起来，展示了加拿大山林美景的现代代表性景观，以及简朴而又极尽精美的石质构造

本庭园位于有招待厅的四楼，由加拿大花园和日本庭园所构成，是一座以赤坂御所、高桥是清纪念公园丰富的绿色景观为背景，很适合眺望的庭园。

庭园的设计理念是，让来到这里的人们以及在这里工作的人们能领悟「现在为什么在加拿大大使馆」、「应该做什么」。也就是说，比起让搭建两国桥梁的人们眺望这个庭园，更希望他们能再度审视自己。基于这个想法，设计了从室内可以同时眺望的大气的加拿大花园和表现细腻的日本庭园，明确了不同庭园存在的意义。

另外，为了更深一层地表现加拿大花园和日本庭园的意义，本庭园如同从加拿大东部的太平洋岛到加拿大西北部，穿过加拿大落基山脉，一直到太平洋、日本。陆地和海面的地形切割，将各地域的自然和文化等用景观来表现，使设计具有主题性。具体地说就是表示太平洋和大西洋的两个池塘，如同被冰河削成的平缓的大地，象征居住在北极圈因纽特人文化的指路人石标、落基山脉、两道瀑布，均由日本传统的石堆所构成。

鸟瞰加拿大大使馆，可以看到该项目位于东京 Aoyama 区的一条繁忙的道路旁，还可看到四层屋顶花园的开阔的屋顶风景

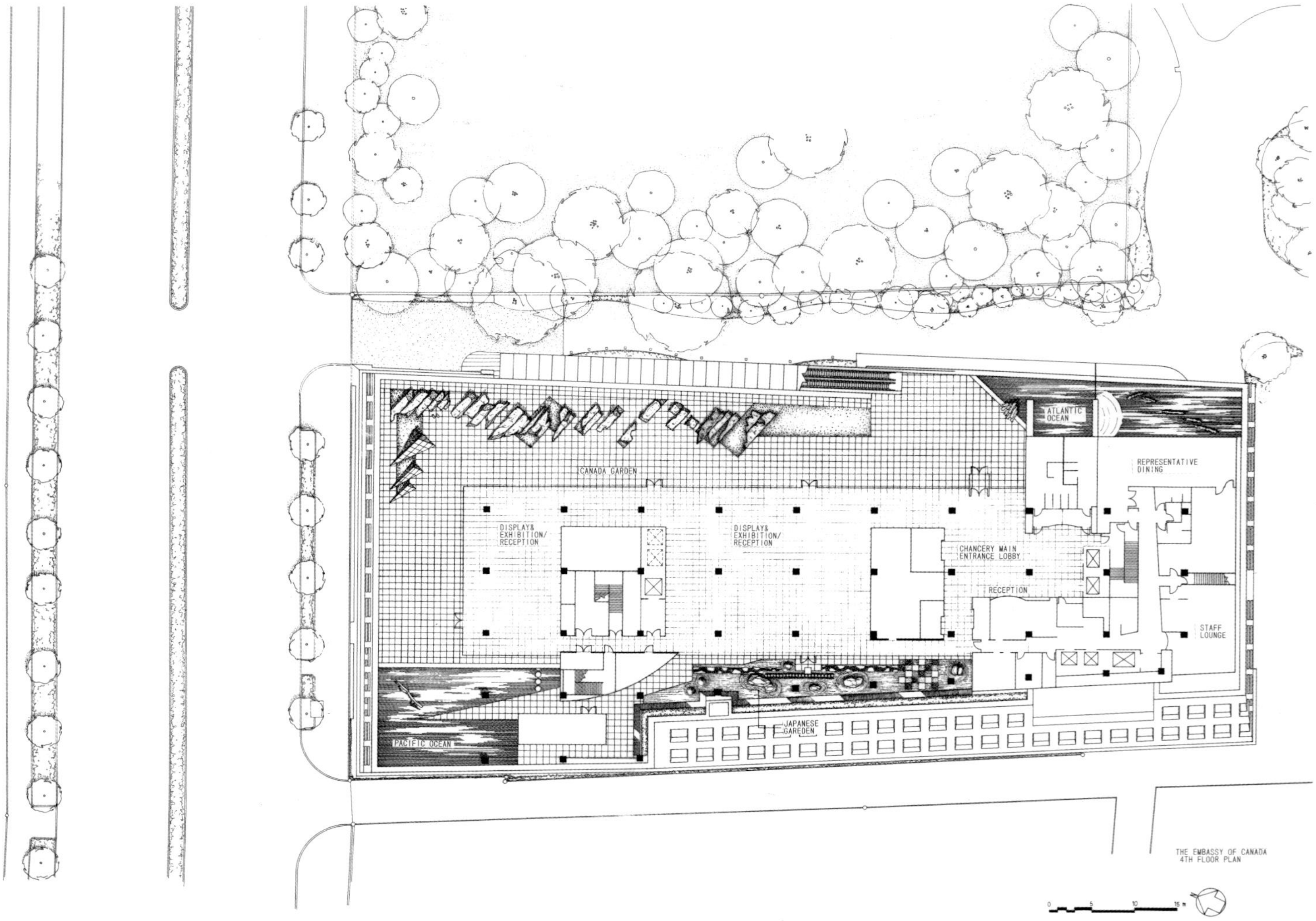

庭园环绕馆舍而建，从东部到北部代表了加拿大景观，庭园从此处开始，结束于西部的日式庭园

在日式花园南端，铺石小道和铺石地板形成了如棋盘一样的空间

在日式花园中，铺石地板让位于铺石小道，该小道设置在豆粒砾石地面上，地面上设置了精美的孤赏石

首都大学新校区

首都大学新キャンパス

该项目为迁移至多摩新区一角的旧东京都立大学（现首都大学）的新校区景观设计。其外部空间的设计理念是由佛教思想的「五大本源」所萌发而生的。所谓「五大本源」无非就是「地」「水」「火」「风」「空」，地、水、火、风指的是形成这个世界的事物，而空则是这些的全部，同时是指领悟的世界。大学本来就应该是一个与政治和经济无关，勤勉研究和学习的世界。也就是不被索取任何东西的独立的世界（宇宙）。这就与佛教中的「空」相通。为此，我将构成「空」的四大本源即「地」「水」「火」「风」对应到文科系、理科系、运动系各个不同的领域，分别以这些作为设计主题。具体就是，地形变化很大的文科系用「大地」做主题；研究事物的根源，将其明确化、创造出新事物的理科系用「水」做主题；许多学生聚集的共同设施则用象征其能量的「火」做主题；还有，与无限大的天空和万载不移的大地相对抗的运动系用「风」做主题。另外，我还尝试让理科系学生设计具有调整降雨积水功能的修景池，让多余的水流出，用来浸润现有的树林。我的设计目标是使具有这样的主题和机能的校区成为多摩新区的新地标，成为被绿色环绕的校区。

「风之剧院」的几何形状柱石沿校园东北边缘的山坡一路延伸

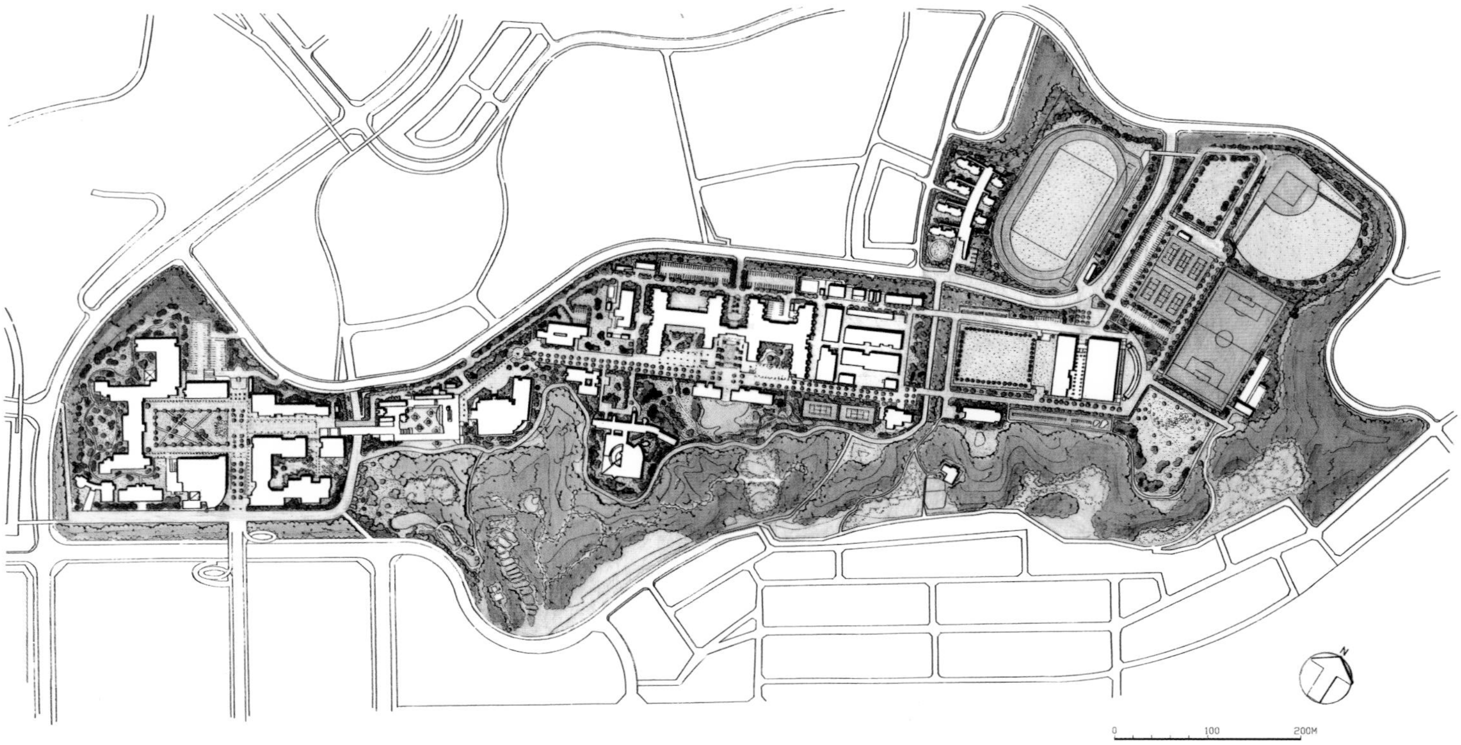

首都大学新校区将道路与花园融合起来，校园边缘部分没有很多更具自然主义风格的花园

从老校区移植来的银杏树栽种在南门的主要通道两侧、位于学生服务中心与礼堂之间的国际公寓庭园的一大特色是拥有开阔的草坪，靠近传统茶室位置还有一片茂密的绿植

粗糙的踏脚石一直通向国际公寓茶室花园的石质水盆

从国际公寓的一层和上面的楼层都可以看到花园的砾石区，其与树木、岩石和地被植物完美地融合在一起

水是城市环境科学学院庭园的主题，其中央倒影池的主要标志是抽象的金属雕塑

传统茶室的游廊和挑檐向外延伸，与国际公寓花园联系在一起

风磨白炼庭

風磨白錬の庭

这个庭园是为当时旧科学技术厅所管辖的金属材料研究所的中庭而制作。金属材料研究是精密而孤独的工作，与金属挖掘开采关系紧密。本庭园在把这里相关人员的心理状态融于设计的同时，从由金属联想到的「开采」「光」「溶解」等印象衍生出「金属与人的相遇」「金属的利用」「人与金属的共存」的表现主题。在这冰冷的、被近代建筑所围合而成的中庭（广场）空间里，象征丘壑的自然群石、象征干燥大地的花岗岩铺地、象征草原的草坪与树木、洗手钵涌出的泉水及从此处溢出的流水，这些均带给了景观使用者心灵上的安慰。

从上面俯瞰，广场设计中人造、自然外观与几何式模式的结合既与理性的自然科学相关，也与直观的自然科学相关

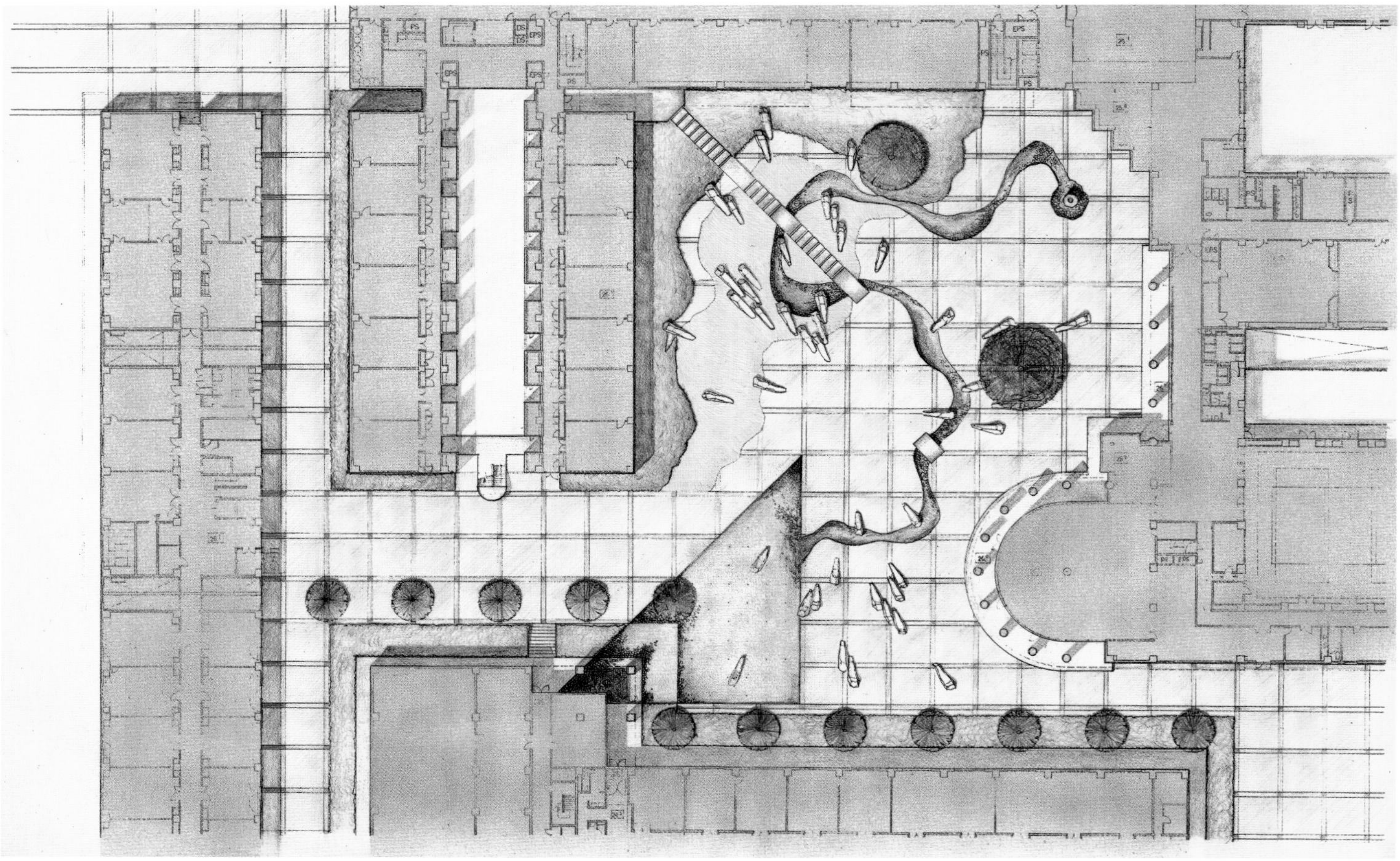

Fuma Byakuren 广场的设计与金属材料研究所的几何外观相关，也会使人们联想到科学家理性、富有创造力的思维模式

矩形踏脚石打造的笔直的小道从空间一角一直通到开阔的庭园的中心位置，穿过不规则外观的石质表层和地被植物

矩形踏脚石直线路径源自于人的理性思维，通过稍显拱形的花岗岩石板跨越了石头小河

铺砌着岩石的小河蜿蜒穿过花园，小河一头以巨型的圆石作为边界

薄雾从花园一角升腾而起，使枯山水景观变得湿润起来，并营造出一种神秘之感

这块巨大的楔形石头展示了人造景观与广场的自然风景之间的对比。石头一面做了抛光处理，一面保留原始的粗糙感

质量极大的粗糙砾石并列设置，富有神秘色彩的浓雾从三角形的石质地基上升腾而起

新潟县立近代美术馆

新潟県立近代美術館

在信浓川寻求人类与自然共生的原点，以时间与空间的流动作为两个坐标轴的展开设计。这个作品中，我将美术馆放置于信浓川自然风光和都市景观的交界点上，表现的是从过去到现在、从现在到未来的推移，或者也是从现在到过去的推移。在物理世界中时间是单方向地朝着未来流动，而在精神世界中通过回忆是可以回到过去的。

我将这两极统一为双方向的推移。推移绝对不会停止，也不会间断，必会融合成一体并持续进行下去。我将这点刻入景色中作为这个庭园的主题。具体就是通过将美术馆的一半以上体积埋入地下，表现出与信浓川合为一体的、如同从大地中诞生出的效果。这同时也表现出时间和空间的流动。还有，通过从信浓川悠然的景观到美术馆入口处干涸的城市景观的变化，表现时光的流逝。

从河畔附近的小路向上看，几排低矮的岩石将部分草坪、植被遮挡起来，使人们的目光聚焦在博物馆建筑及其雕塑式的天窗结构

美術の森
車椅子用スロープ

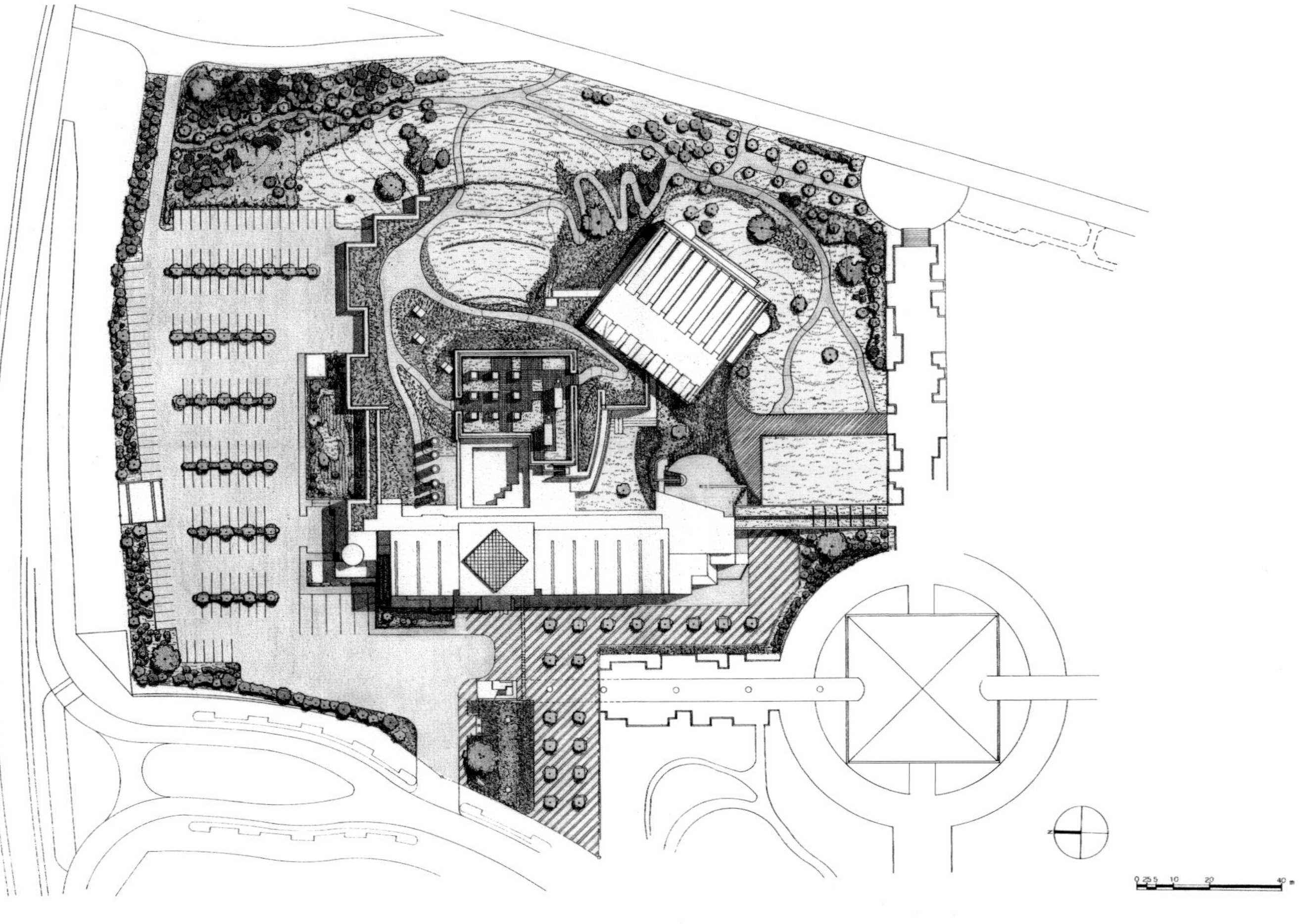

花园通过西侧入口广场围绕着博物馆建筑，蜿蜒的步道穿越了花园的南侧和东侧，一堵高墙将馆长私人花园与北边的停车区分隔开来

使用铺路材料打造的网格路径中点缀着一些青草，与博物馆屋顶花园的天窗共同打造出一种有趣的空间组合

博物馆的内外空间中布满了一层层的绿草、岩石铺地和不同色彩、不同肌理的各种地被植物，打造出不断变换的风景

为了保证私密性，馆长办公室外面的花园通过墙体和高高的篱笆与外界分隔开来，该花园的主要特色是镶嵌在云朵状的砾石地面中的巨型石刻

开阔的步道穿越了景观，将建筑与花园结合起来，并使游客们拥有欣赏河流和远山的开阔视野

透过建筑元素之间的开口部分看过去，一个小池塘倒映着博物馆和天空的景象

入口广场的斜条纹铺地围绕着广场上的一排树木，与博物馆建筑的几何外观完美融合

在入口附近，水流过石头地带（一些石头地面拥有更为粗糙的质地），点缀着一些光滑圆润的石头

清风去来庭

清風去来の庭

人想要好好地生存的时候，必须事先明确认识自己所处的地方。也就是说，如果无法正确看清现在自己所处的场所，那么就无法对如何生存下去做出正确的判断和行动。简单来说就是必须认定自己在整个世界中被放在什么位置。如果做不到，那么很容易被眼前的利益和欲望迷惑，迷失自我地活着。就算只是为了不沦落成这样，也需要经常静下心来审视自身，明确把握自己所在的地方的时间。这是人类生存中最重要的时间。为此经常欣赏天边的云彩、仰望高大的树木、闭着眼睛感受凉爽的风、深刻地思考人生是极其重要的。只是满头大汗地为了世间的纷杂事务而奔波忙碌并不是生存的目的。人需要时不时地吹吹清风，使心灵也时常被清风拂过。

为了世人，我无论如何都想打造一个能使人感受清风，身心得以宁静的场所。曾经，这里是机场的滑行跑道。机场是旅途的出发点也是回归点，同时也是相遇和分别的地方。「机场」这个词，听上去有种深藏着梦想和浪漫的感觉，也许就是因为这点吧，当再次站在机场上时，人们会想起过去的种种回忆，应该也有不少人会憧憬未来燃起希望吧。我打算在这样的土地上，打造一个人可以安静地审视自身的外部空间。这是一个被大树环绕的地方，可以从树的缝隙中眺望天空，倾听小鸟的歌声。这是一个不管从哪个方向都能温柔地包围人们的空间。风温柔地吹来又温柔地拂过，感受风拂过身体的人们可以明确认清自己所处的场所。我将这里命名为「清风去来庭」。

从阅览室向外看去，花园就像是用一层层的植物将图书馆环抱，厚重的石质路缘石就像从地面中生长出来的一样，令人赏心悦目

当我意图将日本文化的精髓「精神性的表现」体现在风景空间中时，就要思考并挖掘这块土地以前的特性。这里曾是被利用了很多年的高松机场的所在地，正好处于飞行跑道的位置。

机场是一个承载着人们的「记忆」和「希望」的地方，在飞行跑道的时间轴上至今仍留有鲜活的记忆。我尝试着把这种精神性变成设计内容时，脑中浮现出势必苏醒而又消失的这样循环反复的韵律。我觉得这种连续是唤醒人们心灵的飞行跑道，也就是留在人们心中永恒的时间轴。为了用风景空间来表现地域性，我使用了香川县的特产御影石和椰榆。具体就是用小豆岛产的御影石雕刻出若有若无的题材，用椰榆树林表现地域性，目的是创造一个让当地人感到亲切的空间。另外，为了使人们联想到飞机机体，我还在建筑物的外观上添加了一些金属，以此增强关联性。绿化计划用高大乔木和灌木，草坪放在中间，不使用中等高度的树木，总体设计简单而又明朗轻快。

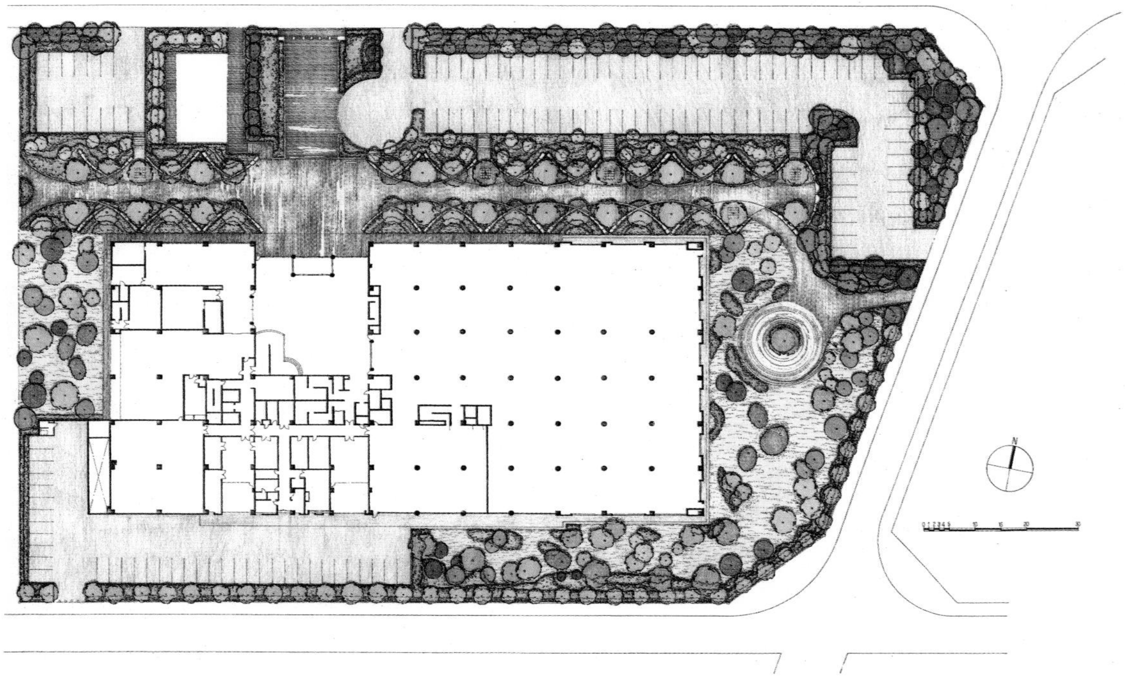

入口走道穿越了椰榆林和图书馆北侧弯曲的石质路缘石，而东、南、西侧花园设置的却是较普通的树林和灌木丛

粗糙的石块被拼凑起来，以打造出厚重的弧形路缘石，围绕着榔榆设置，确定了空间边界

青山绿水庭

青山緑水の庭

这处设施是为了婚庆宴席及住宿所设置的。庭园分布为一层一处，四层两处，共计三处，均建造在建筑物内窄小的场地上。在这被限定的场所内，我试图营造出当人与庭园对峙，人们能感受到自然的包容力，又能找到真实的自己与其对话的场所。对我来说这个庭园无论如何还是建立在日本传统美学与禅宗思想上的，在此基础上添加了现代主义的元素与设计理念。这三个庭园小空间我命名为「青山绿水庭」。一层庭园呈现出深山中绿树环绕的寂静之感。四层庭园象征化地表现了水的流淌，使观看者联想到缓和的流水。至此在繁华喧嚷的都市中营造出一处寂静的空间。我希望这个庭园能让都市里的人们再次感受到忘却已久的悠闲。

传统和室的障子滑动打开时，人们可以看到四层庭园西南角的风景

一些垂直元素（诸如石灯笼、树木、竹制栅栏等）与一些水平元素（诸如石质走道、砾石铺地、踏脚石等）相融合，在四层平台狭长的花园里营造出一种纵深之感

以高高的竹制栅栏为背景，由 Nishimura Kinzo 打造的精致石刻灯笼就设置在苔藓高地上，掩映在树林、灌木丛之中

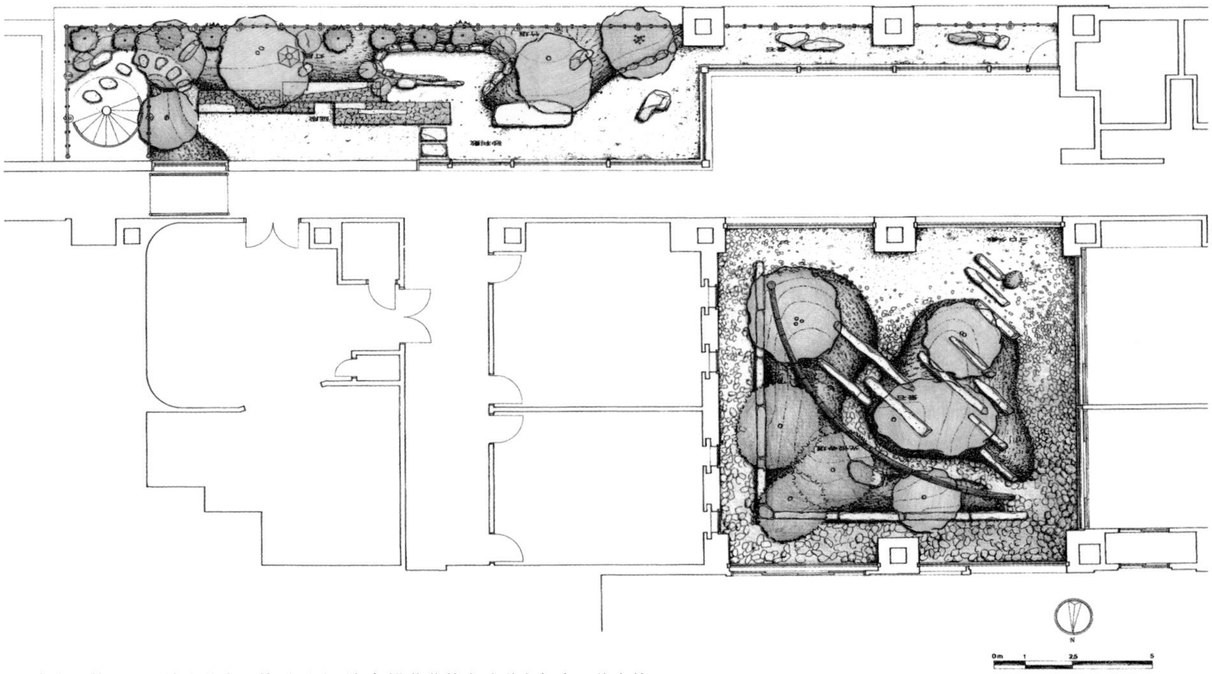

在庭园的四层，镶嵌着岩石的砾石地面与长满苔藓的高地融合起来，狭窄的台地花园中栽种着乔木和灌木。石质板材一路延伸，穿越了铺设岩石的空间表面和花园中长满苔藓的高地

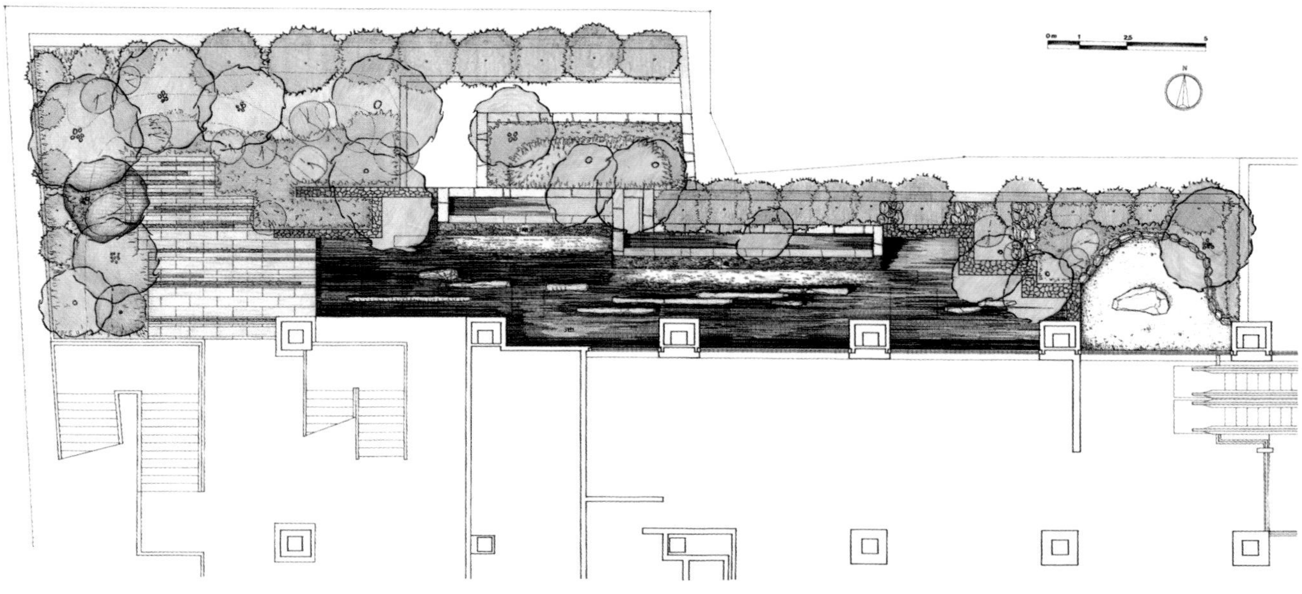

从主花园的空间设置可看出瀑布的右侧为小型的岩石庭园，而左侧为铺石露台

传统接待室中的“观雪”障子向外打开时展示了建筑四层庭园的美景

四层庭园的设计是为了使人们从附近的接待空间可以看到其中的风景，其主要特色是垂直的石质板材，后方即为低矮的竹制栅栏

大厅中厚重的柱廊和顶棚展示了主花园的空间轮廓，其高高的瀑布和低处山体般的岩石板材就像是从水中生长出来的一样

基于绝妙的夜间照明，从旁边的露台上可以看到水流从主花园石质墙体上倾泻而下

曲线式的石头构造掩映着砾石铺地、低矮的竹子和苔藓，当穿越花园的时候，原先粗糙的质地逐渐变得光滑起来

闲坐庭

閑坐庭

有句禅语是「闲坐听松风」。这句话的意思为：静静地坐着能听到松风的声音，如果心烦气躁就听不到，只要心灵澄清，就能自然地听到澄清的松风声。更深一层的含义是：心灵与自然融为一体，心灵也处在静寂中就能入定。对于每天在城市中马不停蹄地生活着的现代人来说，很难一个人静心地坐着与大自然对峙。谁都知道这个事实，只要自己不刻意地创造机会就无法做到这点。在追求人性回归的现代 ，把自己的心安置于静寂中是最难做到的。更不用说被美丽的大自然包围，令人忘却时间的空间了，众所周知城市中根本找不到这样的地方。但是即使是在城市中心被限定的空间中，经过严选的树木和石头修建庭园时，这个空间就具有不输给大自然的强大力量。我的目标就是把这座酒店的庭园建成这样一个空间。想把这里打造成一个人们闲坐在大厅和休息厅与庭园安静地对峙时，可以感受到深层意义的空间。我将这座庭园取名为「闲坐庭」。

我希望这个空间能够帮助失去生活情趣的人心灵回归，让人们隐藏在内心深处的丰富感受回归，让会为了小事而感激的柔软的心灵回归。而且，这个空间中一定要浓缩日本固有的四季之美以及日本特有的审美意识和价值观。另外，日本创造空间的特征是增强外部空间和内部空间的关联性。于是，我将设计热情倾注于充实这个中间领域。成果就是将外部空间的构成要素「石头」如同岸边的水波一样，一直延伸到休息室内部，形成石头的「花瓶」。这样的庭园设计对内部装饰空间产生了巨大的影响，这个结果就现代空间如何体现日本文化精髓来说，是非常有意义的。我希望这座庭园能铭刻在许多人的心里，是一个能寻回心灵宁静的场所，如果能成为大家遇见真正自我的起源地那就更好了。

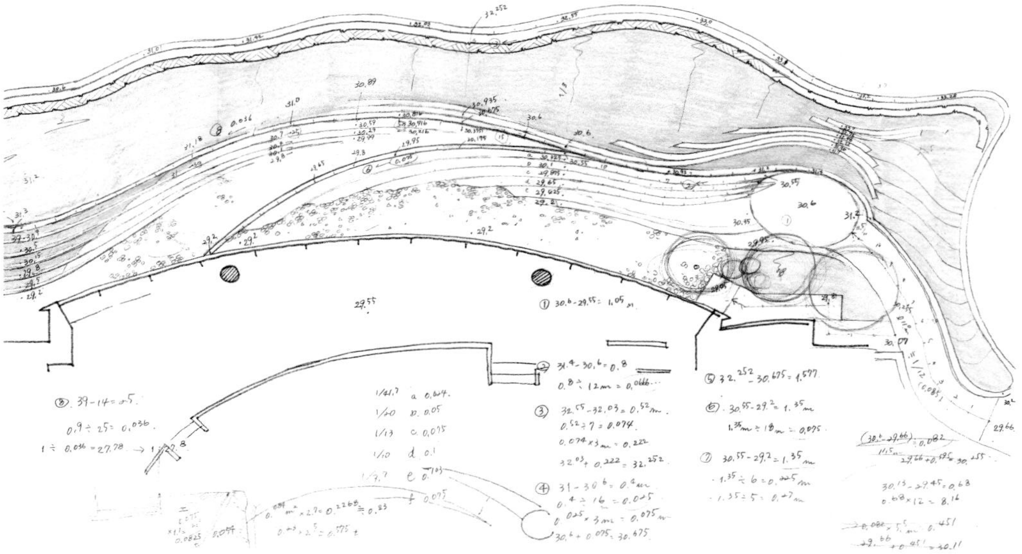

粗糙的轮廓展示了这样一种空间理念，通过应用曲线，将酒店内部空间（轮廓较低部分）与外面的花园结合起来

从东边看过去，混凝土台阶的光滑曲线与粗糙的花岗岩地面形成鲜明对比，并引领着人们的目光一路穿过整座花园

混凝土、石材和植被融合在花园上部的空间结构中，其中整合了人造和自然材料，以及几何式、自然式的空间形态

夜幕降临时，人们可以看到弯曲的石质墙体前方的雕塑式花瓶、墙体上的窗户，以及远处花园的朦胧光影

具有柔和曲线的石质墙体通过引人注目的雕塑式石质花瓶将休息区与大厅分隔开来，这会使人们联想到花园中的传统日式水盆

走道紧靠着邻近的居住区，蜿蜒穿过上部花园区的粗糙石质挡土墙和葱郁植被，营造出一种山间小路的空间感

酒店餐厅靠近大厅的休息室，在餐厅前方，一排排的石头排列组合，变成平整的石头带，
粗糙的石板穿插其间，将花园的低处和高处联系在一起

石质地面结构从大厅区延伸至花园中时，转变成了循环式的空间，还铺设了石材，真是摄影的完美场所

一层层的混凝土种植槽中种植了精心修剪过的树篱，纹理式石质覆层遮蔽着下沉式酒店礼堂的弯曲墙体

悠久苑

悠久苑

生命可以在这个世上存在过一时，但不会停留一世。有生命的东西总有一天会迎来生命终止的时刻，有形状的东西总有一天会迎来形状消失的一刻。这是世界上任何一个人都无法改变的规矩。如果只谈关于死亡这件事，那么国王也好，大臣也好，都无法逃避死亡。每个人最后都必定会经历这件事。佛语有云：「生者必灭、会者必离」，这句话告诉人们，这个世上所有的东西都不会停留，都在流逝，要珍惜眼前的生命，珍惜仅此一次的人生。

每个人人生最后要去的地方，和家人朋友最后告别的地方就是火葬场。这座「悠久苑」就是举行葬礼的斋场和进行火化的火葬场，斋场在建筑物的副楼位置。火葬场的中央是一个大中庭，入口部分和火葬炉前的大厅隔着中庭相对而立，由走廊连接这两处。这样的构造必然为深度接触外部空间提供了条件。

这里的庭园分别命名为「清净之庭」「启程之庭」「镇定之庭」「升华之庭」「慈悲之庭」和「追忆之庭」，设计主题与人生终结的场景相对应，配合人的一生使其拥有故事性。这些庭园中我介绍一下最具代表性的中庭。

「镇定之庭」是以亲人们送别逝者去火化途中的「原野相送」为主题的庭园，展现的是使人们回忆起故乡风景的原始景色。大平山是防府最具代表性的景色，以佐波川看到的景色为参考将庭院设计成枯山水，创造出沉稳宁静的空间。

「升华之庭」是火化后最先进入眼帘的空间。以圆形水盘作为中心，是具有象征性和单纯性的空间。圆形水盘中的水以实际状态表现「天空」，水中倒映的景色毫不停留地流逝，表现出这个世界的「无常」。

我希望这样一座能与亲人道别，并能承载悲伤的庭园的存在，更能使大家领悟世事无常，因为无常而珍惜自己的当下，珍惜活着的日子，为此设计了这座寄语观赏者们的庭园。

在廊道之外，「镇定之庭」通过柔美的景观打造出宁静的空间氛围，平整的砾石地面上有一处长满青草的，栽种了树木的高地

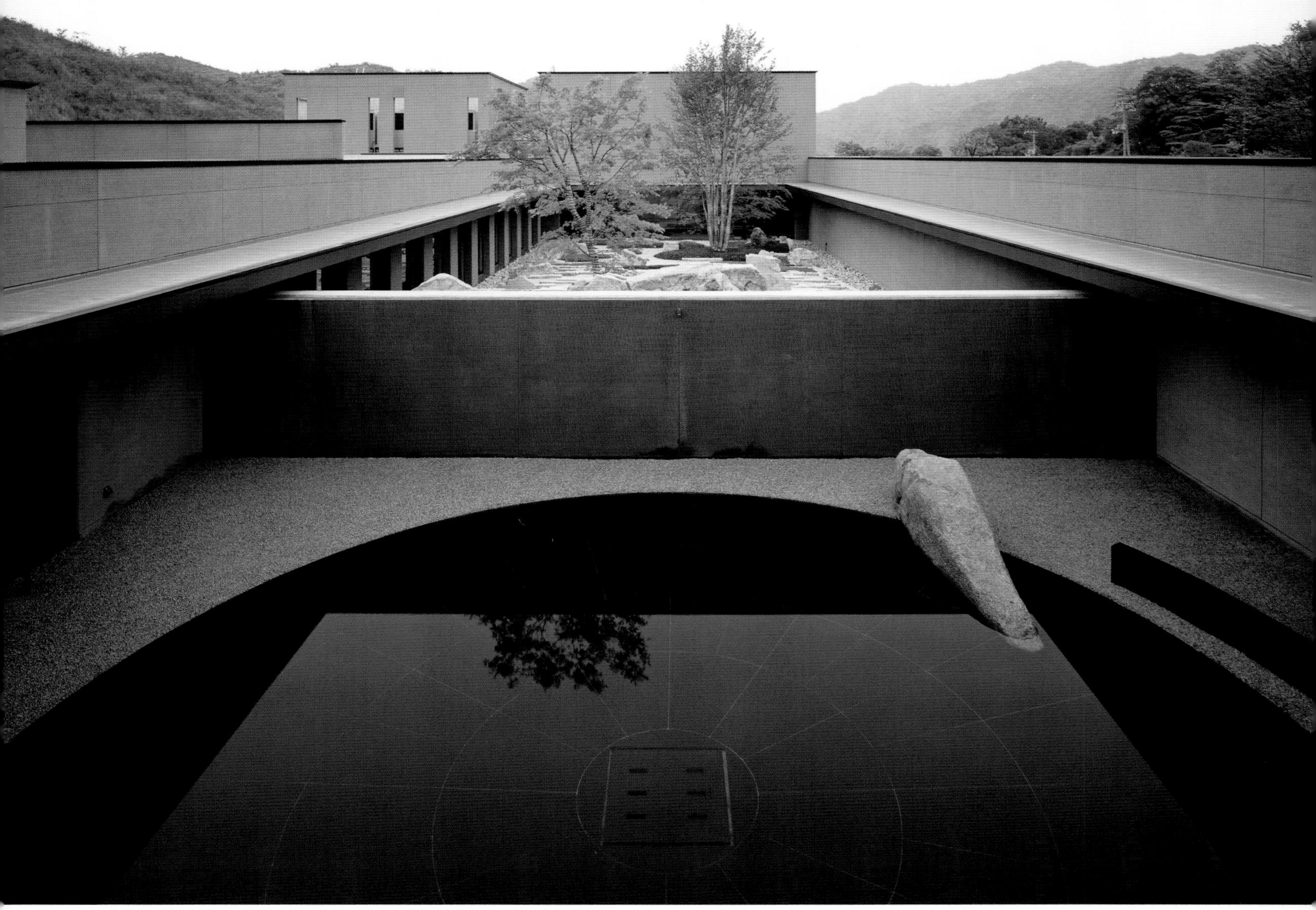

在庭院空间内部，一堵简单的墙体将“升华之庭”与“启程之庭”分隔开来

当游客缓步穿过门厅时，会发现“镇定之庭”的空间轮廓展示了花园中不断变换的风景

在“启程之庭”之中，厚厚的苔藓、石质带状结构、粗糙的石板和碎石结合起来，打造出富有平衡感的空间结构

在入口大厅处，“启程之庭”展示在人们眼前，通过多层的空间和内在的意义将当前这一刻与未来的某个地点联系在一起

小型庭园“慈悲之庭”通过六个垂直性石质元素，融入了“守护”的空间主题

一层层的岩石、砾石和地被植物一直通向竹林，在建筑的核心部分营造出了浓郁的空间感和宁静的空间氛围

清风道行之庭

清風道行の庭

修行的同时人会回归自我。

我将「忘却街道的喧哗，可以切换心态的距离和时间」的设计理念融入庭园规划——从入口周围到大堂的空间。如果把建筑物比喻成人的身体的话，那么这次的设计就是让它穿上了衣服。正如穿着不同心情也会不同一样，根据庭园的不同，住在里面的人心情也会随之改变。我正是考虑到这点，才设计出入口周围的空间。

人转变心情是需要一定的距离和时间的。比如寺院有三道门，神社有三座鸟居，道理是一样的。每次穿过门时人的心情就纯洁一点。这是一个居住空间，与寺庙、神社空间不同，但是我想将这种随着进入而心情变化的想法在这个大城市的居住空间中实现。为此，从道路到建筑物之间的距离是最重要的。建筑物正对十字路口，可以听到街道的喧哗，首先改变入院处的气氛，使人们到入口处能稍微得到平静。进入建筑物后到住户玄关之间，住户们边眺望过渡的风景，边舒缓自己的心情。这条通道不单单是享受奢侈的空间，更是转化心情所必需的空间和距离。听着流水声，感受着轻抚的微风，涂着柿漆的和纸温柔地迎接着人们。我的目标是把这里打造成从都市归来的人们在自然中得到缓解、回归自我的空间。

蜿蜒的铺石小道从大街一直通到建筑的入口处，这样的设计使居民们可以欣赏美妙的景观，又可以慢慢地从城市空间踱步进入花园中

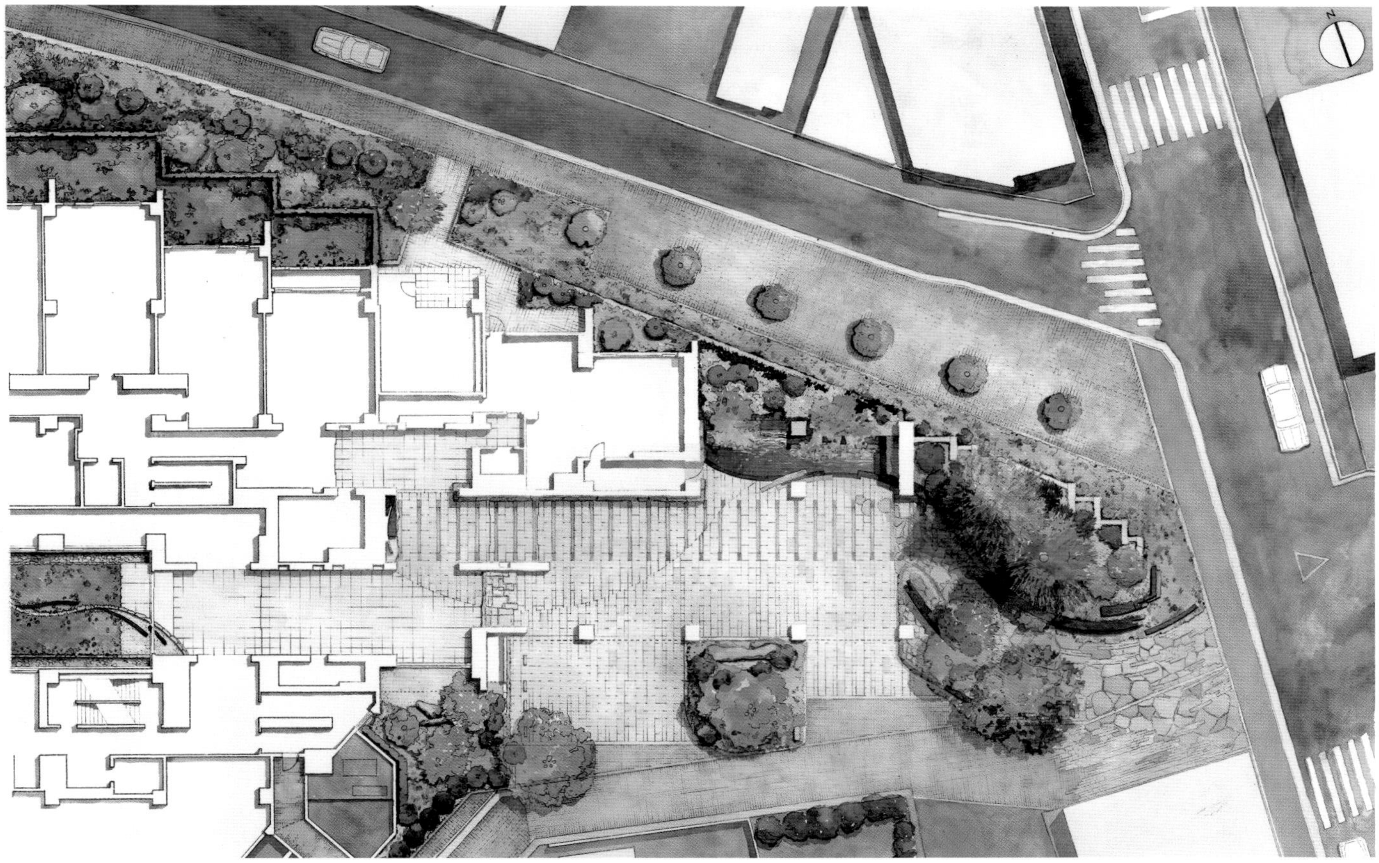

平面图

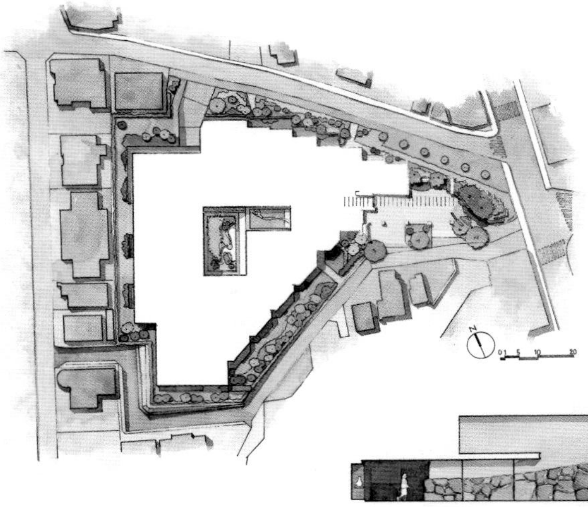

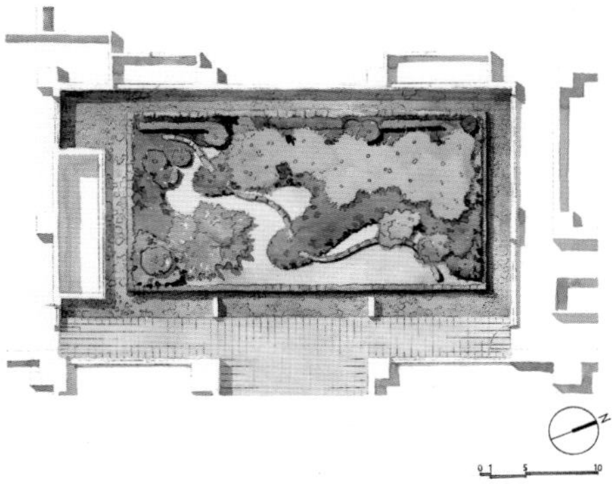

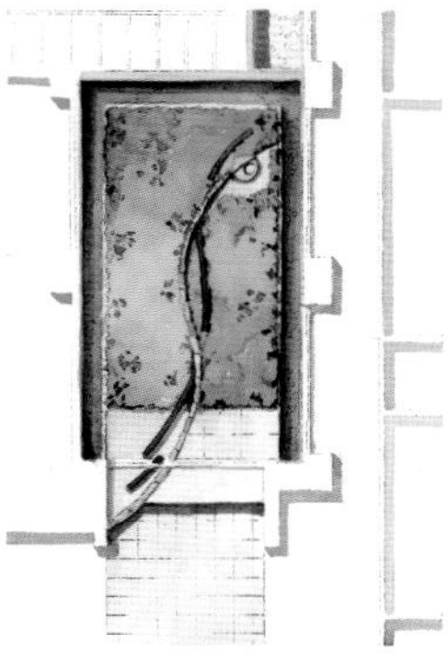

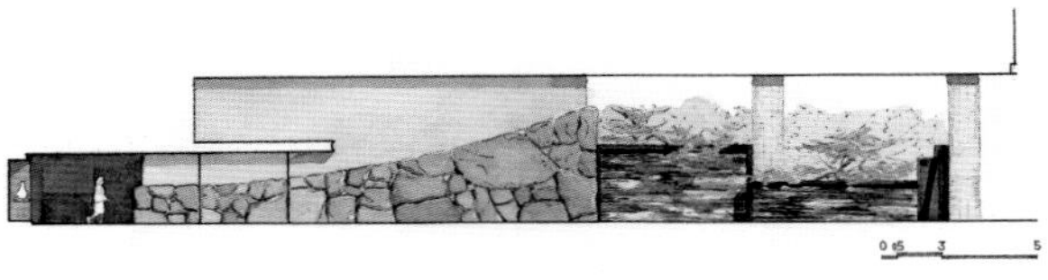

平面设计方案（左侧）展示了围绕着建筑的花园以及两个内部庭园花园（上部中央和右侧的详细方案）。剖面图（底部中央和右侧）从两个角度展示了精心设计的空间方案

厚重的石头墙从外部空间一直延伸到室内空间之中，将大厅与户外花园空间联系在一起

放置在前院停车处内侧的馆名石

粗石雕塑标志着建筑的入口所在，与“S”曲线上高度抛光的石材相接，以花园中随处可见的“S”主题为主要特色

竹子、树木、厚厚的地面植被与砾石铺地组成了一幅宁静的画面，并将自然、清新的空间氛围引入建筑的中心区

平缓的曲线舒缓了人的心灵

从斜前方眺望中庭

回头看到的入口通道

迎接人们的壁龛

瀑布的外观和声响模糊了城市的风景，以及人们有关城市的想法。当人们靠近建筑入口时，会拥有非常强烈的感官体验

从大堂看到的停车门廊

现代大厅中的抛光石质地面倒映着宁静的花园景象，通过低矮的、长长的窗户可以看到此番风景

从上方看过去，各种花园元素的起伏式外观在宁静的庭园之中极具动感

三贵庭

三貴庭

霞关市政厅由2002年开始进行耐震改建工程，外务省也是改建项目之一。施工时，由于中庭是材料的堆放处，因此中庭也成为改建对象。

我觉得外务省的中庭作为「迎接外宾的场所」和「职员休闲、休息的场所」需要具有功能性。另外，外务省作为日本面向世界的窗口，是最适合让世人再次认识日本之心的位置。我计划将其设计成尊重日本文化、使人引以为傲的空间。因此，我决定采用体现日本人应该遵守、宣扬的价值观和审美意识以及体现民族精神的「现代枯山水」风格。庭园的名字为「三贵庭」。所谓「三贵」，就是日本人自古以来尊崇的「和」「礼」「敬」即「三心」。以象征它们的三块景观石作为主题。将日本传统中与人接触的姿态——「日本人对方礼数周到，以和为贵，尊重他人」表现在庭园中。来此访问的宾客在电梯间前就能眺望庭园。也就是说，中庭相当于迎接宾客的「壁龛」。宾客接触日本「三心」之后，朝着各个房间走去。从各层的电梯间都能看到观赏式庭园。假山是观赏式庭园的陪衬，其背后是职员休闲休息的场所。这座庭园以两大功能被自然地分隔，具有很高地观赏价值。我希望今后在进行外交谈判时，这座庭园能够舒缓外宾们的心情，为各国建立友好的关系和弘扬日本文化做出贡献。

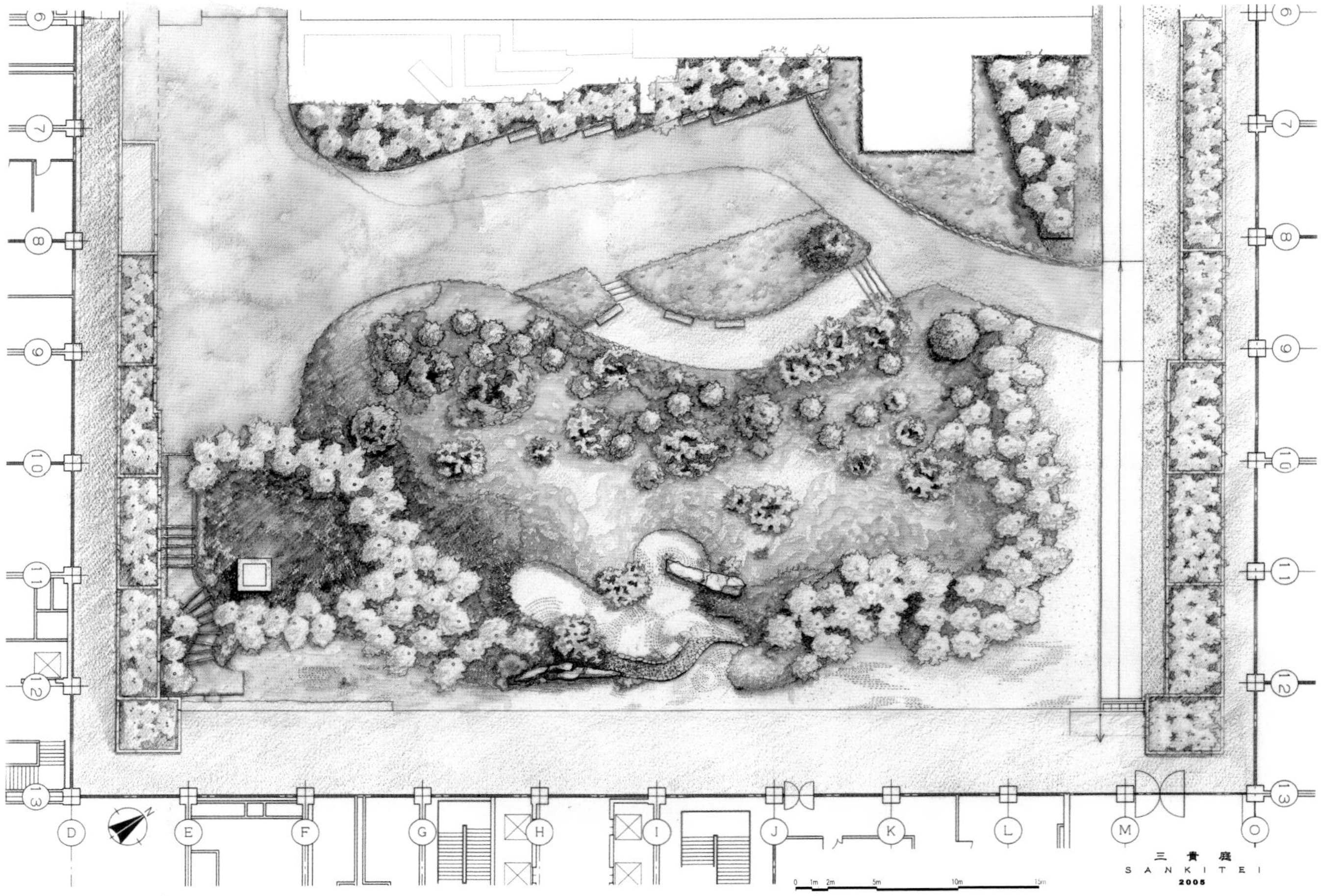

庭园中央栽种着树木的小山将与西北侧公园一样的集会空间与东南侧的传统花园分隔开来

从上面看到的景色——景观石、山枫和砂纹

建筑周边具有起伏式的空间边缘，碎石、柔和的高地和竹子打造出了安静的大背景

与粗糙的花岗岩形成鲜明对比的是，豆粒砾石引领着人们的目光从花园前部一直到达后方的大型石头位置，而这种设计代表了人们的一种感激之情

景观石、山枫以及用栽植打造的景色

尊重和表现“日本之心”的景观石

从电梯大厅看过去，大型的庭园花园在前部的竹林、石质构造和远处点缀着树木，在起伏的山体之间形成了很好的平衡

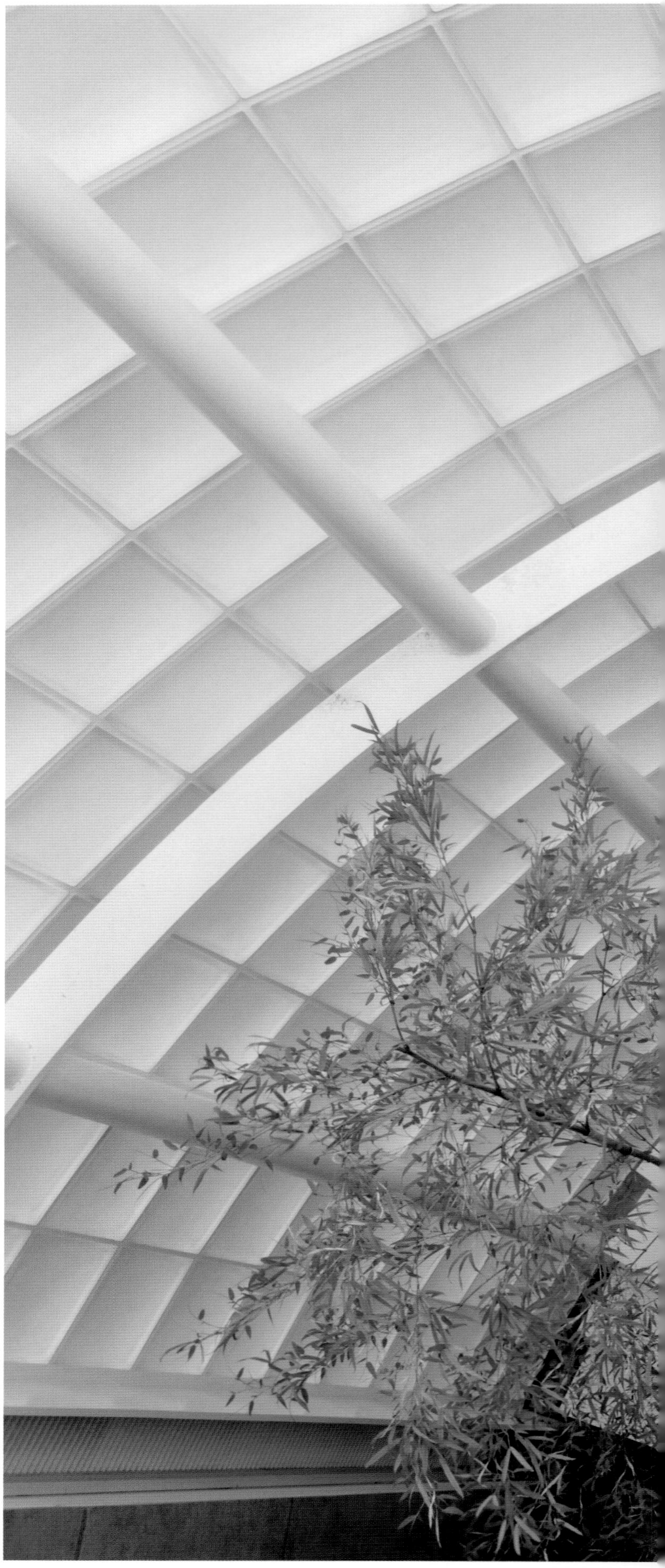

圆柱形的入口区域拥有曲线式的金属台阶，竹子的绿叶与现代设计形成鲜明的对比

心清庭

心清庭

对于繁华的东京来说，都市中闲静的高级住宅是非常难得的。委托人计划在位于都市中心的位置建造一所住宅，并同时修建庭园。在地价昂贵的市中心修建较大面积的庭园是比较困难的，而在面积有限的土地上，高效利用土地建造庭园空间是这次设计的重点。建筑物占据了相当大的土地面积，庭园空间只能修建于玄关前庭、屋顶或作为地面花园的部分。分布三处的庭园空间以一个主题为中心联系在一起。禅语中有「心清静是」之说，故此这个净化身心的空间被命名为「心清庭」。玄关前庭位于方块玻璃外墙的里面，由一面墙把人从街道环境带入了另一片天地，再通过清凉的竹林将人引入玄关。其次，为了让委托人能享受到屋顶宽敞的眺望空间，屋顶以庭园为主，成为生活烦杂后舒缓心情的场所。同时，屋顶庭园还是天气晴朗时室外用餐、读书、休息、观景的场所。另一方面，作为地面花园部分的庭园，运用原有土地上的一些石材，加工组织后，形成从室内往外看的景色。在这里，庭园的面积大小并不是问题，重要的是这些庭园空间使人的心情得以舒缓，身心得以净化。

从住宅区的街道上可以看到屋顶和地面花园的很多空间

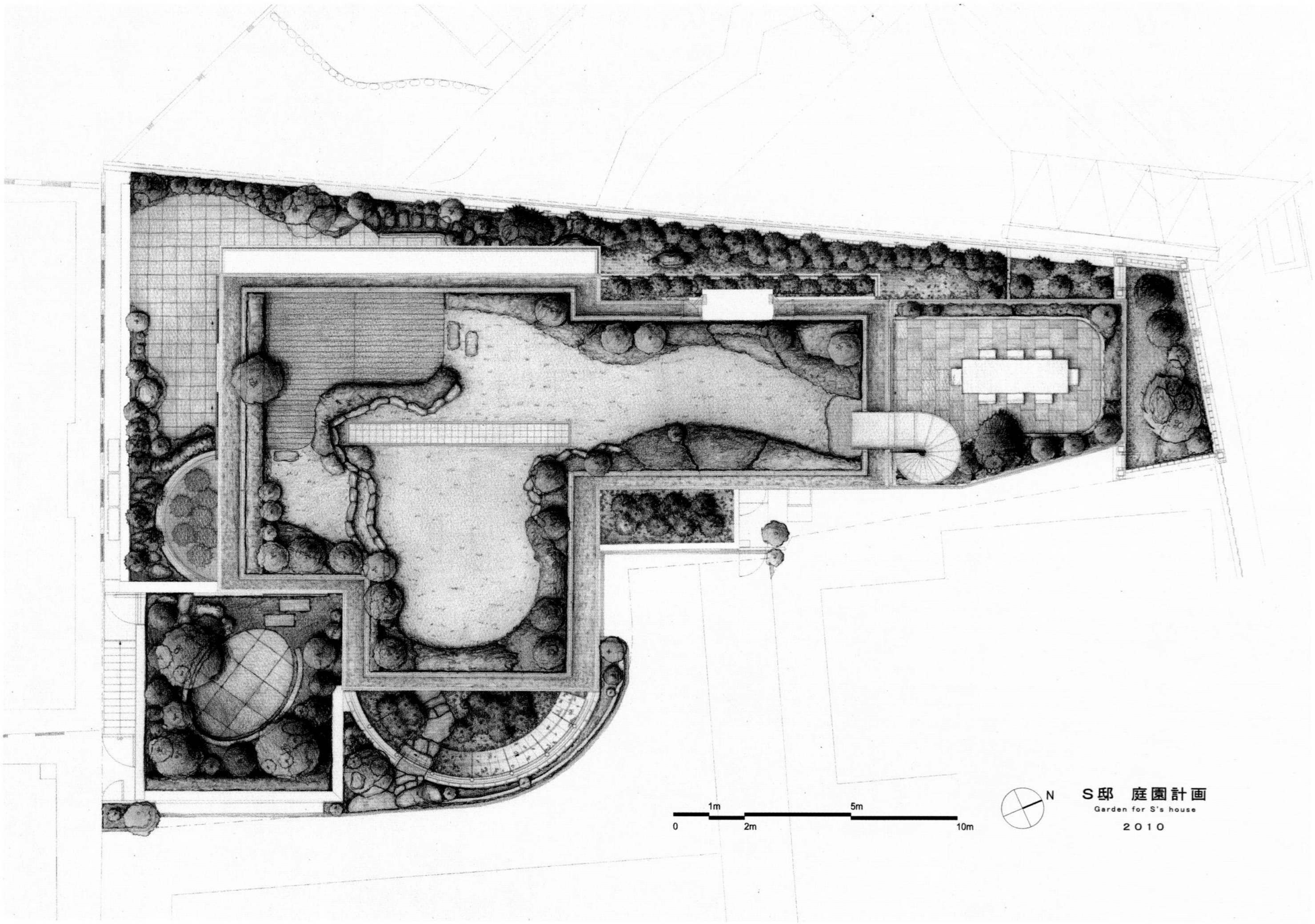

从东侧半圆柱状的入口区到中央顶端的屋顶花园，在住宅的屋顶上可以看到许多位于不同高度的花园

地被植物围拢着树木和岩石，标示着空间的入口区。人们踏入建筑的第一时间，就可感受到空间中无处不在的自然与清新

一扇大型的窗户对外敞开，面朝一座小型的庭园花园，在大自然和建筑之间构建了一种强烈的关联

通过应用借景，城市成为大型屋顶花园的大背景

在车库上方，两个矩形的踏脚石一直通到椭圆形的露台处，露台周边围拢着曲线墙体和一些树木

白色的砾石铺地延伸到庭院花园的一角，邻近一块巨石，营造出
富有平衡感的空间景象，巨石周边有树木、灌木丛和地被植物

从地板一直延伸到顶棚的开口设置展示了一幅庭园花园的宁静之景，将内外空间联系在一起

现代入口区的铺石小路蜿蜒地穿过竹林，从外面的大门一直延伸至空间内部

日本境外作品

WORKS OUT OF JAPAN'S BORDER

和敬之庭

和敬の庭

该项目是加拿大文明博物馆中展示的日本庭园，表现的是日本人对大自然的敬爱之心。这座庭园将「自我表现」的禅宗哲学以不对称、简朴、幽玄、静寂等方式表现出来。被命名为「和敬之庭」的这座庭园，本着深入理解日本和加拿大两国的历史、文化、精神等方面的初衷，作为连接两国文化的桥梁。

这座庭园中心的瀑布石是日本文化起源的象征，从这里流出的水流将汇入大海，这里则被设计成「流入博物馆」。以博物馆象征两国文化融为一体，达成相互之间更深层次的理解和尊敬。

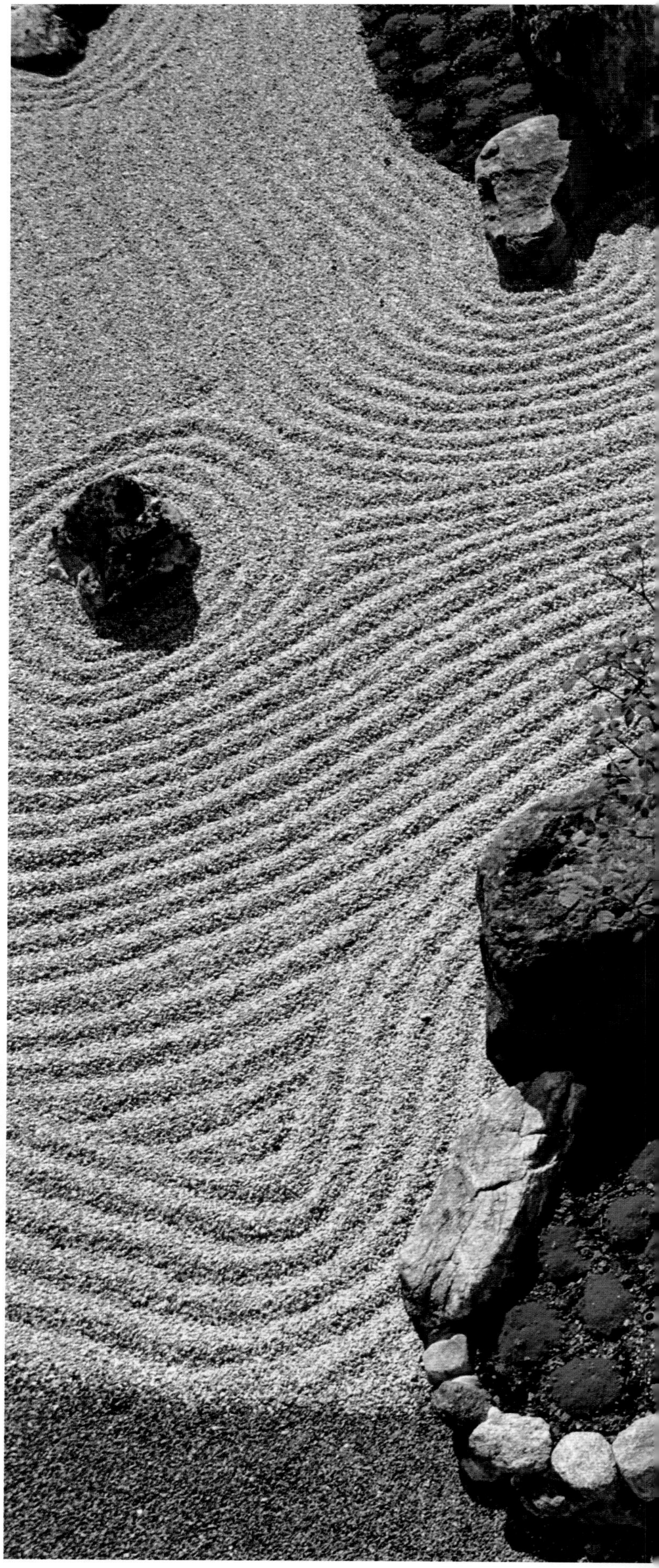

苔藓覆盖的地面上有一条蜿蜒的踏脚石小路，引领着游客穿过花园的中心区

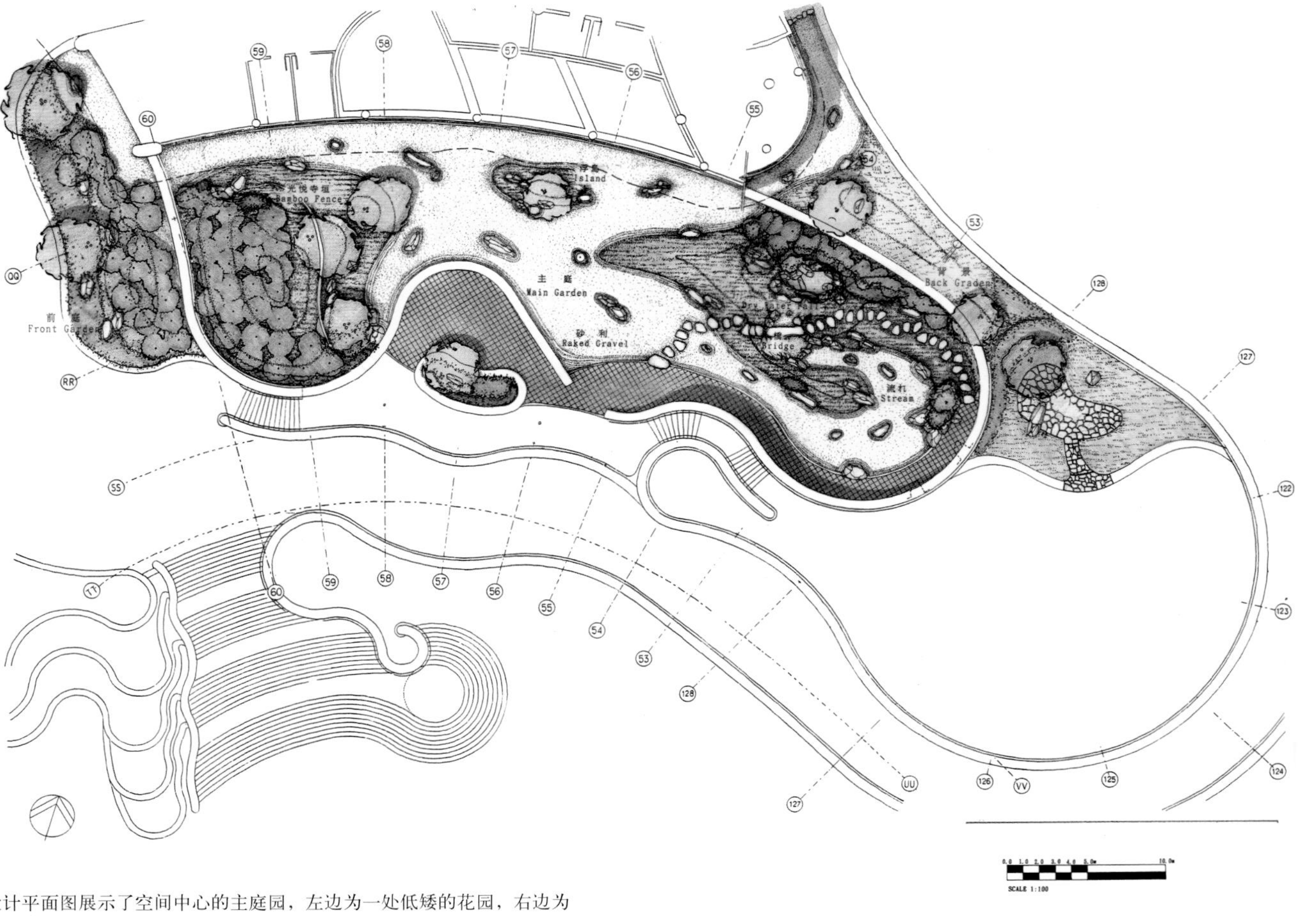

露台设计平面图展示了空间中心的主庭园，左边为一处低矮的花园，右边为即将建造的花园

就像快速移动的小河一样，豆粒砾石遵循着地块的外观，围绕着岩石设置，始于瀑布所在的位置，一直穿过整座花园

通过运用加拿大常见的岩石和植物，枡野俊明打造了一座富有活力的花园，其与加拿大文明博物馆生机勃勃的连续曲线相匹配

踏脚石小道与多层瀑布地基上的石板桥联系在一起

在花园中劳作的枡野俊明，他使砾石铺地遵循着岩石“小岛”的空间轮廓

博物馆的曲线石头立面作为一个宁静的大背景，展示着富有活力的空间构造，诸如砾石、岩石、苔藓、灌木丛和乔木

从东侧的枯山水庭院看过去，石板桥穿越了豆粒砾石小河，从长满青草的河岸到达可代表蓬莱山（永恒的小岛之山）的岩石小岛

融水苑

融水苑

大自然的存在不为了给谁看，不为了给谁听，从不打乱一刻的时光流逝，一直向人们倾诉着。人们通过眺望大自然，发现新的自然，得到与本来的自己相遇的机会。迄今为止，日本人与大自然共同生活，从大自然中学到许多东西，弘扬文化和艺术。我们的祖先将大自然浓缩到人们的身边，使其升华成艺术，就是日本庭园。人们面对这个叫作「庭园」的被浓缩的大自然，和自己对话，冷静地注视自己生存着的现实社会，深刻地认识自身的贡献。

我想在德国介绍这种日本人长年累月构筑起的庭院和人际关系，并加深他们的理解。近年来，日本文化和艺术在海外得到了高度评价。在有识之士之间，可以说对这种思想背景的关心和理解都相当深刻了，特别是对国内外生活在复杂化的现代社会的人们来说，可以彻底看清自己脚下，认清自身的空间比任何东西都重要，为此我打算在柏林建造高度浓缩的「日本精神」庭园。

现如今在柏林，许多民众心中仍存在着昔日的归属感，以及考虑事物和处理问题方式不同、价值观不同等问题带来的困扰。最重要的是需要这样一个场所，能让每个人遇见本来的自己，真心与周围的人融合在一起。因此这座庭园的主题设定为「融合如水以成和」，其中心思想就是「水」。这里的意义是，水作为个体，没有具体的形状，随着周围环境的变化而相应变化。只要有这样的精神，就能尊重文化差异，并且超越国境和宗教，实现真正的和的境界。所以我怀着这种心境提出了这个主题。

这座庭园是以茶屋「如水亭」为中心，由前庭、主庭「和」内庭三个庭园组成的

回游式庭院。设计理念是，打造一个象征历史和未来的结构。前庭是以池泉为中心的庭园，主庭是枯山水，内庭则是以草坪为中心的庭园。这三者作为性质完全不同的空间彼此呼应，连接它们的轴线成为流动着的时间轴。

具体来说，庭园东南侧的瀑布代表德国的起源，那里溢出的水象征迄今为止的历史变迁，在大片的草坪间流动，流入前庭的水成为一汪池水，象征投影着人们身边近代史的镜子。那旁边的茶屋，表现的是我们生活的现在。从茶屋中看到主庭，设置了象征未来的枯山水。主庭的枯瀑群展现的是鲤鱼跳龙门的情景，引用「禅」的思想。「禅」说，鲤鱼跳过龙门就能化生成龙，是比喻逆流前进、奋发向上的艰辛。但是从突破后可以在无限广阔的天空中自由翱翔的角度来说的话，就是表现德国与世界未来相融合的意思。

我真切希望，造访本庭园的人们能更深入地理解日本文化，并且在找到新的兴趣的同时，将这座庭院的设计理念铭记于心，安静地身处表现现在的茶屋时，面对枯山水着眼于自己和世界的未来，面对充满梦想的未来，仔细考虑该如何活在当下，度过一段审视自身的时光。

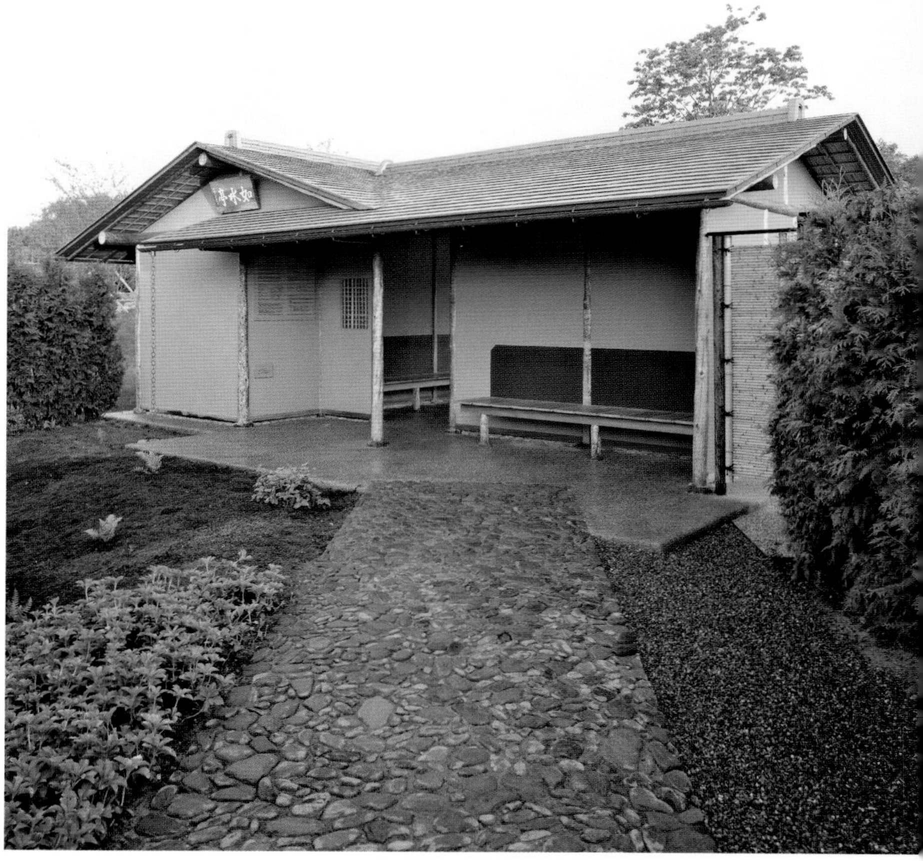

一条宽阔的铺石小道引领着游客来到茶室的主入口处

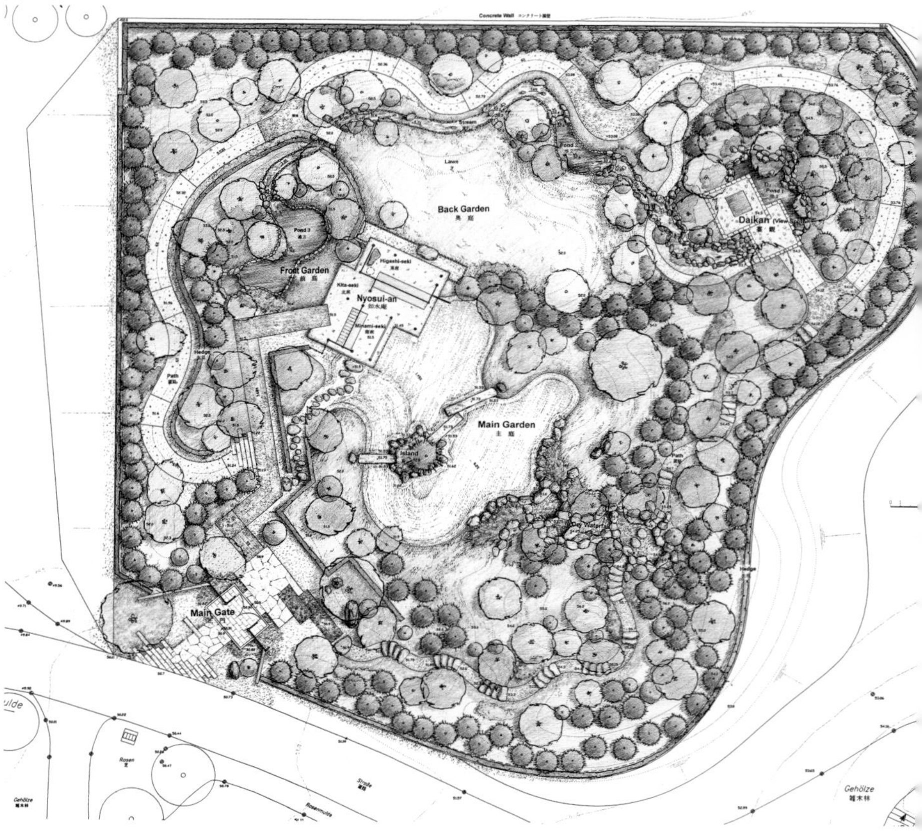

游客从西北角进入花园，沿逆时针方向走在小道上，感受着花园中变化的风景，然后到达茶室和豆粒砾石主花园

就在入口大门之内，一系列的铺石小道在砾石广场上变道，或重叠设置，微妙地指明了道路的走向

石板桥位于主花园的豆粒砾石铺地上，与象征“蓬莱山”的小岛相连。在中国道教思想中，蓬莱山代表永恒

茶室主要供茶道之用，其主要特色是木质柱廊和悬浮式屋檐，装扮着花园的景观视线

水流顺着大型的岩石向着山下流去，流经一处平台，游客可以在这里稍作停留，欣赏整座花园，倾听流水的声响

豆粒砾石铺地始于“龙门瀑布”，这儿的岩石排列成了不规则的外观，看上去就像是一条鲤鱼。

穿过入口大门之后，小道向右侧延伸，粗糙的石质台阶一路蜿蜒，沿苍翠的山侧爬行

小道依据狭窄的布满岩石的水道设置，穿越后花园中开阔的草地

「静寂之庭」在设计上使人们从花园中，或者从上方都可以看到花园中的风景。花园的主要特色是一段长长的斜坡，其将中庭花园与上方的庭院花园联系起来

静寂之庭

静寂の庭

日本的文化是在制作物品的同时与四季不断变化的自然对话交往，并对自然表示敬意作为至高的美德。这种做法一直是日本造物的根本。包括建造庭园，通过不被任何事物束缚的创造自由，用形式、空间和表演艺术以及日本技艺等行为将精神世界用理想的形式来表现。另一方面，日本的美不是均质美或几何美，而是不整齐、不一致却有种独特的平衡感。不可思议的是这点却能与自然相均衡，而且拥有高度的精神性，使看的人获得平静的力量，这被认为是最完美的美。

挪威的第二大城市卑尔根以峡湾闻名，是座非常繁荣的城市。峡湾是冰川谷，使大海深入大地最深处，冰河将周围的群山冲积成陡峭的山壁。群山与深入的大海形成挪威西海岸特有的景色。虽说是海，但与平常的大海的景色完全不同，没有一丝波纹如同镜子般的水面上倒映着周围美丽的景色。另外，围绕着海的群山由于过于陡峭，逼向水面，有种令人不敢直视的气势。这个景色最大的特点是「静寂」。我尝试用日本人特有的自然观和审美观来解读卑尔根的大自然，将静寂的东西形象化后用空间艺术总结表达，就建造了这座庭园。对于日本人来说的静寂就是无比地安静，并不是指逃避日常生活，反倒是指在生活中心灵的安静。我的目标是，在医学领域的研究中，这座庭园空间能不断地给人们提供静寂空间，永远能使心灵得到安逸。

卑尔根大学医学部是由挪威的建筑师设计的建筑物，我通过国际设计竞标比赛后才得到设计机会。庭园由被称为atrium的中庭花园和被称为courtyard的面向研究室的庭院花园所组成，建筑物是以混凝土为主体的现代建筑。从周围的房间以及上面的台阶都能眺望到中庭花园。季节好的时候人们会积极地聚集在这里，但是由于挪威天气寒冷，人们待在室内的时间会相当长。

另外，具体来说，我的设计构成是把背后耸立着的乌尔瑞肯山看作自然的象征，把医学部的建筑物看作人类智慧的象征。在中庭花园，将卑尔根的自然与人工建造的庭园相融合并。要到达中庭花园则还要再一次穿过一座建筑物。这时，人们会再次回过头去选择自然，看的人会不禁询问自然与人类的关系。这两者的基础并不是形状而是作为空气的「静寂」存在着，在哪里可以找出人类最初的生存方式。我希望研究医学的人们能与浓缩着自然的庭园对话、交流，从而尊敬自然，在日常生活中发现内心的宁静，找出人类本来的生存方式。

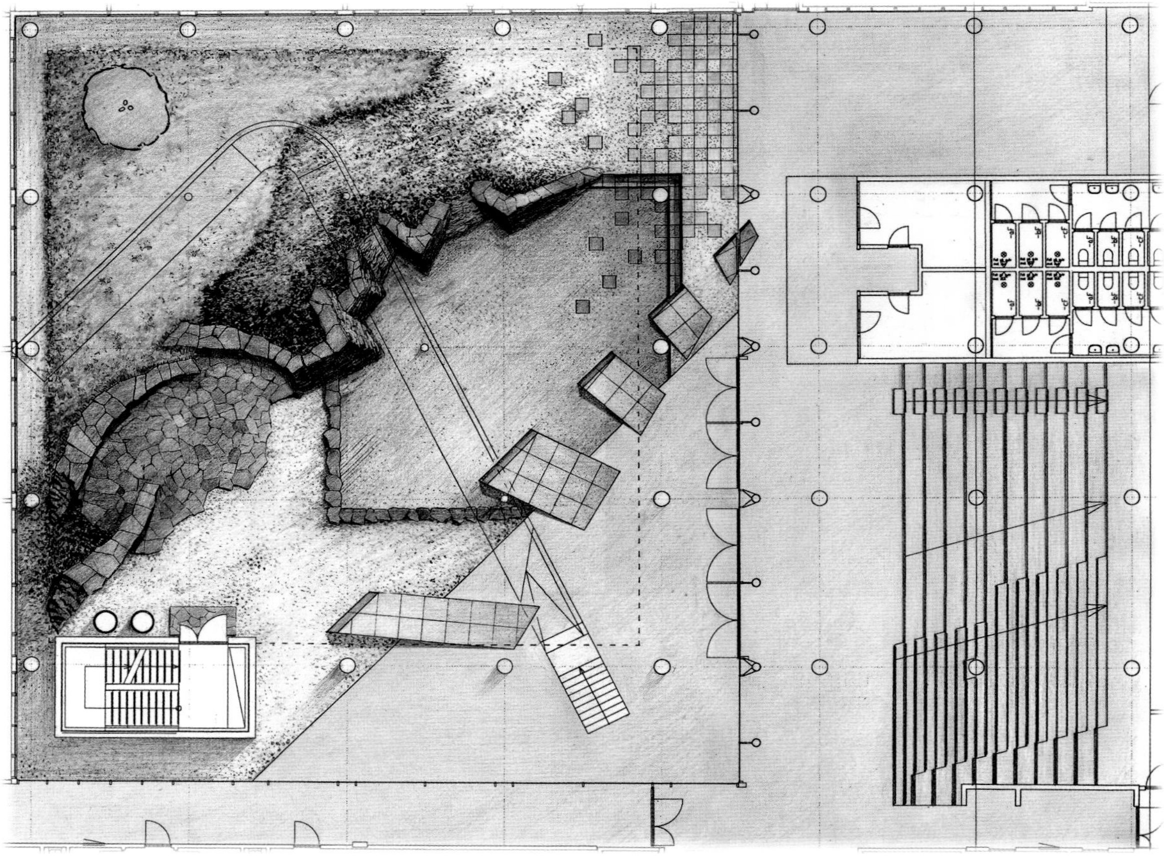
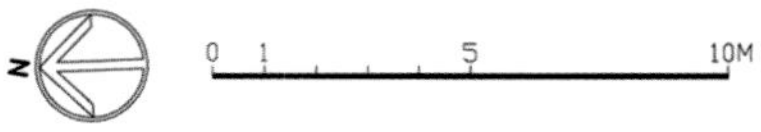

建筑内宽阔的楼梯是一处座位区，当人们坐在这里时，可以通过墙体上设置的窗户向外观赏中庭花园

手绘图展示了中庭花园中多变的景观，并且也展示了游客和花园之间，游客彼此之间的互动

对于整个设计而言，花园中的照明是非常重要的元素，使游客们在挪威那长长的幽暗冬日里能欣赏到花园中的美景

该手绘图展示了这样的理念，应用多层的砾石、岩石和重重的种植床，在狭窄的、拥有围墙的“庭院”花园中营造出空间的纵深感

方形的混凝土铺路材料设置在砾石床的边缘部分，后面的高地上栽种了松树，与成堆的岩石相对。这些岩石从柯尔顿钢制通风井向上堆叠设置

本土产的松树代表了卑尔根市所拥有的强大自然色彩，这些松树矗立在高地上，正对着庭院花园中成堆的深色岩石

三心庭

三心庭

这是我设计的总公司在香港九龙地区的某企业办公大楼前庭和大厅休息处。

我将这座办公楼的庭园和大厅休息处的装修一体化，用日本的价值观和审美观设计，取名「三心庭」。「三心」这句禅语指的是「喜心」「老心」和「大心」这三颗心。原本的「三心」指的是人活在这个世上必须珍惜，但是我觉得不该只停留在人，完全可以用在企业上，所以把它作为这次设计的主题。

「喜心」是要有施舍之心的意思，「老心」是要有慈悲之心、关心他人的意思，「大心」是指要有如同大海一般宽广的胸怀，可以包容对方的意思。这些心如果要用空间来表示的话，我决定用如下材料，「喜心」是光，「老心」是水，「大心」是石头。本来禅的艺术就是借用有形状的具体事物来表现精神。

这座大楼的顶层是总公司老板工作的地方。因此我将其构造成「三心」精神由老板所在的高层到「流」楼下，穿过大厅「流向」外部庭园，然后蔓延到社会。

将象征「喜心」的光源投射在建筑物大厅的墙壁上，把它作为空间的构成要素。大厅休息处设计成高约13米的室内中庭，东侧墙面上设计9.5米高的瀑布。象征「老心」的优美的水声将迎接造访这座大楼的人们。西侧使用象征「大心」的石头蜿蜒延伸到庭院。休息厅比石头表面高出一段，使人感觉不到玻璃的阻隔，形成与庭院融为一体的空间。

外部的庭园几乎都有顶棚遮挡，只能在风雨能及的地方积极地绿化。庭院中用一块大御影石作为景观石，形状各异高度有所变化的地面，从内部人工打造的部分延伸到外部的随意拼凑，随着接近自然而改变着它的「表情」，作为一个极富生气的空间与这座大楼的风格相呼应。

三心庭的设计，是为了使在这座建筑物中工作的人们，既具有作为个人生存的意义，又具有作为企业的社会存在意义的意识。

大厅观景平台打造出了一处欣赏花园的安静场所，其设计亮点在于座椅，使用薄薄的山樱桃木和厚重的、精确切割的花岗岩板材打造而成

遵循着花园的设计理念，大厅的接待处将砖石和抛光材料整合在同一个空间构造之中

两种型号的砾石设置在稍显曲线、随意设置的岩石高地和精确的网格式石砌铺地之间

高高的石质瀑布结构设置在大厅一端的墙体上，水流顺势而下，流入围绕着三块岩石设置的水池中，这三块岩石指代的是佛陀及其两大弟子

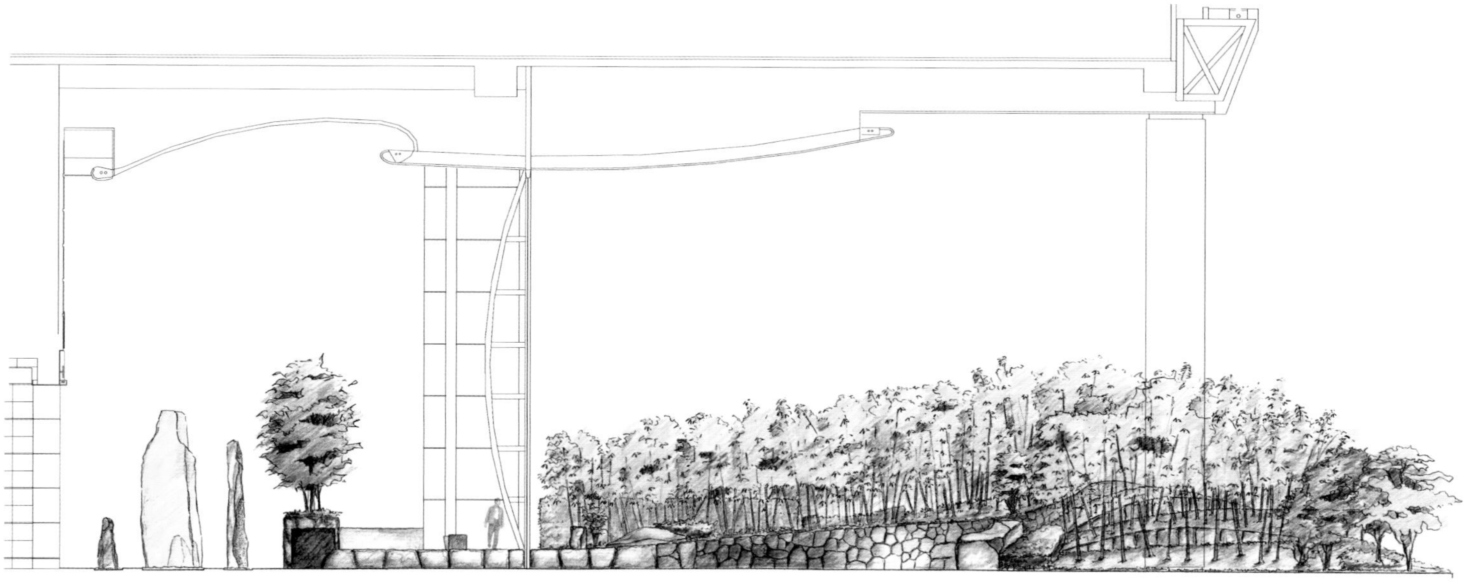

剖面图

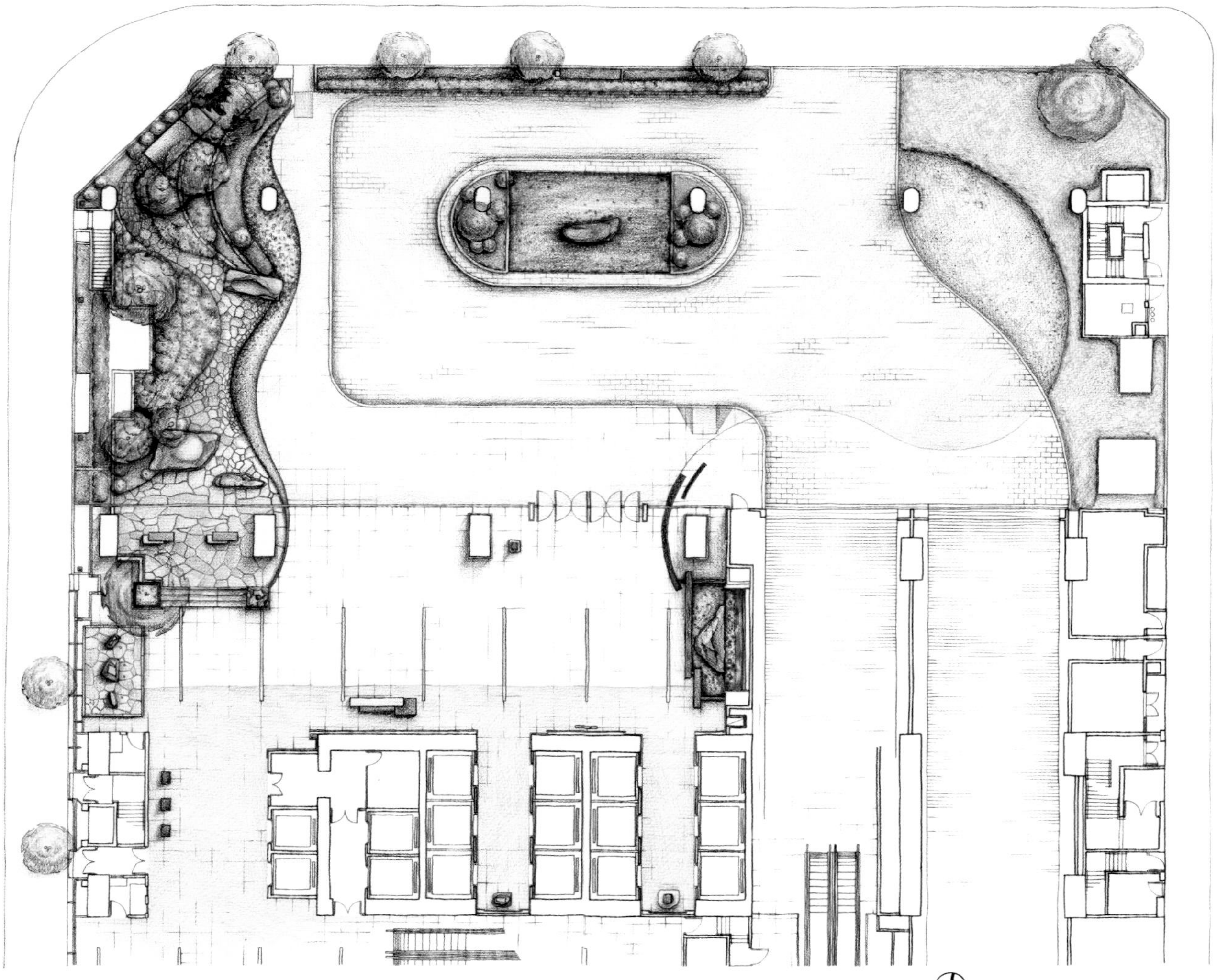

石料路面和岩石地面沿窗户墙体的两侧延伸，花园风景在内、外空间之间自如游走

内部和外部的连接处

入口大堂全景

在大厅中，正对着瀑布的一侧，三个雕塑般的石头打造出空间中心的石景，高 4.7 米（超过 15 尺）

电梯间的摆设

用白石岛产的御影石和山樱做的长椅

三个深色的雕刻石质立方体位于电梯大厅的光亮的地板上，为空间构造打造出了微妙的光影效果

在高层处的总公司前台

透过大厅的电梯厅看过去，台阶可带领人们到达开放式的观景平台上。平台上设有两个座椅，由枡野俊明设计，呈现现代设计风格

高地上栽种了竹子，正对着随意设置的岩石。高地隆起，设置了一块巨型的圆石，质地粗糙

停车前庭中央的景观石和水面

环形大道上的焦点所在即是一块巨型的岩石，其拥有弯曲式的船型外观，看上去就像是漂浮在水池上一般

不二庭

不二庭

这座建筑是为活跃在国际商业圈的业主，作为安静休假的场所设计的。建筑主体由混凝土建造，多用直线表现。庭园的设计在与建筑的相互关系下，发挥了原有的梧桐树的历史象征意义。时间的流逝好比流水，主庭的设计是由建筑物衍生的墙壁插入的几何形的圆弧小池为主体。池水从自然石的护岸中间流过。这个庭园不是以相对的物体做对立，而是在超越了对立变迁中寻求美。

禅语中有「入不二法门」之说。它的意思是「超越了一切相对的对立是绝对的境地」。正因为如此，这个庭园被命名为「不二庭」。

利用庭园地形高差的设计，表示过去至未来的变化。在这些变迁中，慢慢静下心来去体会其中的感受。

从花园中看过去，石质墙体、楼梯和踏脚石强调了水池的三个层次

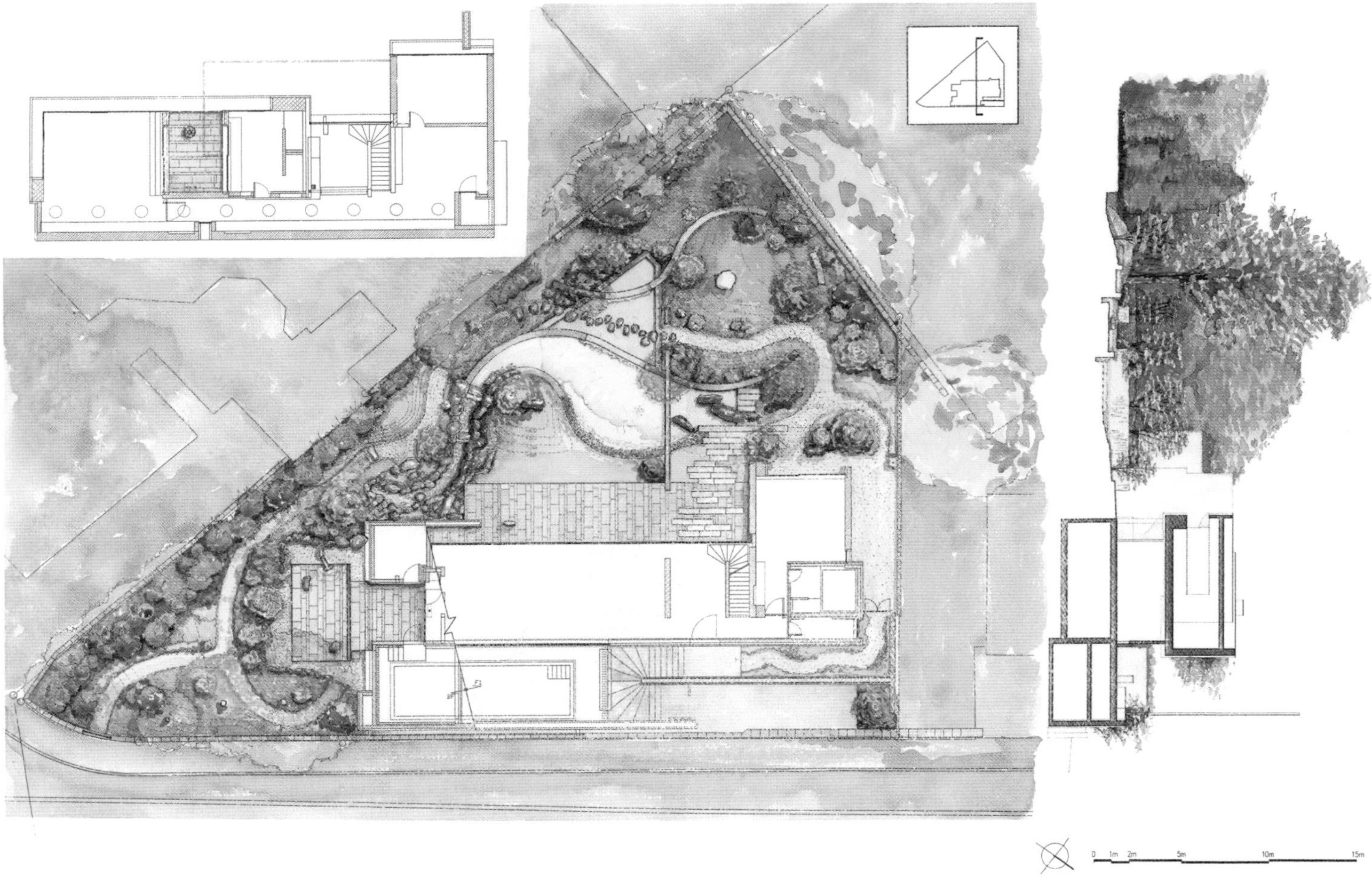

建筑占据了地块的北部，花园从建筑中脱离出来，占据了地块的南端和东南部分

在上面楼层的庭院中，装饰华丽的石刻水盆位于大型的墙体开口前方，从这里可以看到花园中的风景

在小溪尽头，水流从石刻喷头中喷涌而出，进入巨型的水池中，该水池与石板露台联系在一起

从池子里流淌下来的水流

池子里的踏脚石

连接到建筑物的自然石楼梯（一）

连接到建筑物的自然石楼梯（二）

从健身房中眺望的景色

在上层庭院中，一处大型的墙体开口前方设置了一个装饰华丽的石刻。透过该开口，可以看到花园中的风景

从玄关看到的庭园，可以看到正面栽种着的大梧桐树

弯曲的砾石小道穿越了苍翠的花园，一直到达踏脚石的位置，这些踏脚石引领着人们从中间穿过池塘

从住宅的上面楼层看过去，高高的墙体打造出了弯曲石墙的边缘部分，保留了水池的三个层次，而水池变成了铺设了岩石的小溪

从一楼看到的庭园全景

从室内观赏庭园景色

三昧庭

三昧庭

2010年年末，名为Nassim Park Residences的集体住宅工程在新加坡竣工。这个作品是集体住宅的样板房。

用地内有两棵大树，为了避开大树，我将建筑物设计成两栋，用走廊连接。

用地内设计了表现流水的大而缓和的曲线，利用白沙、鹅卵石和水构成空间。景观石全部从日本运来，从客厅里能看到泳池旁的平台边摆放着雕刻咖啡桌。借用周围地形的起伏而使得空间扩大化，最大限度地利用了周围环境。虽然计划在这个常年夏天的国家种植具有日本特色的植物让我苦恼了很久，但是因为是实地施工也成为我的一次很好的经验。

三块巨型的粗糙岩石与周边的线性元素和柔和质地形成鲜明对比，并成为主入口空间结构中的连接性元素

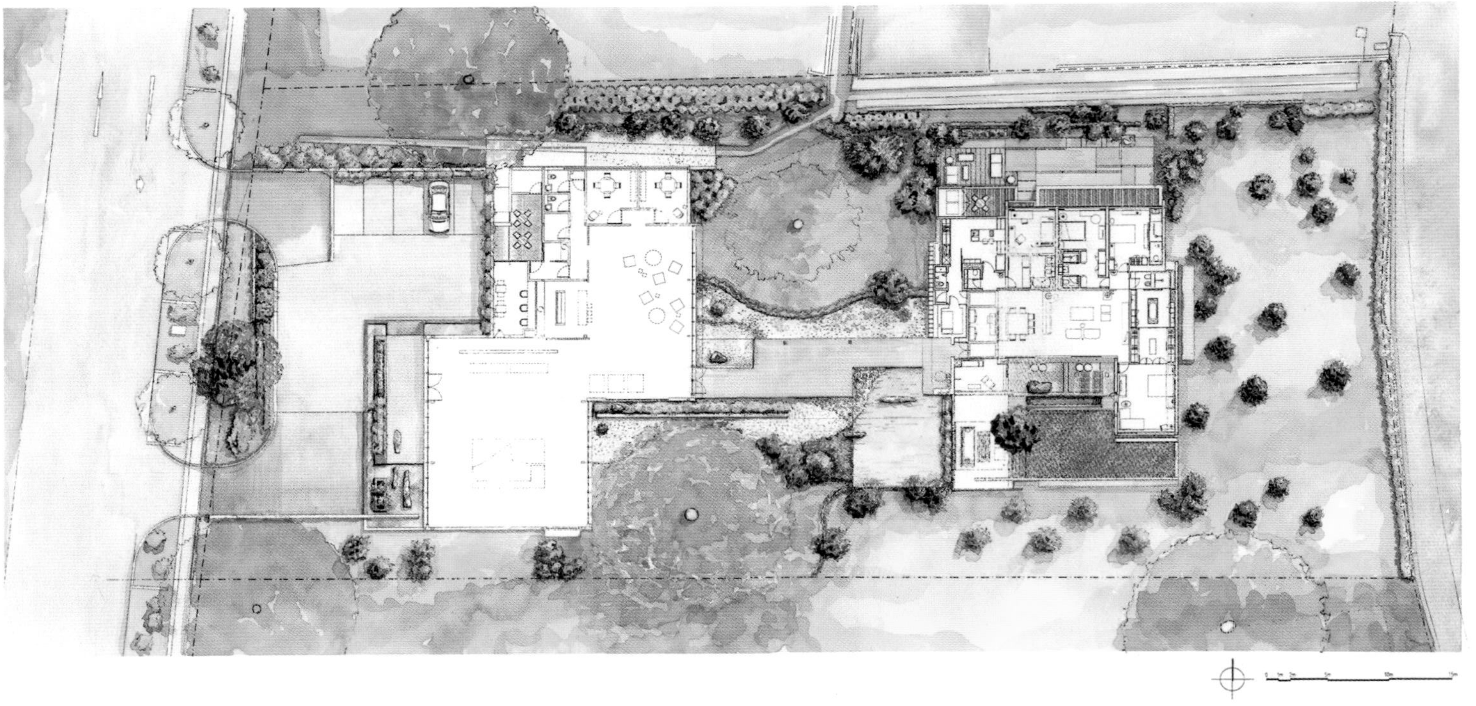

花园中的水池和砾石铺地靠近公寓楼和连接性走廊，这些花园空间元素使建筑的线性几何构造更显完整

从停车场看到的景色

走廊旁放置的景观石

走廊的景色

在连接性走廊的边缘部分，粗糙的石板就像是漂浮在倒影池水面上一般，打造出宁静、祥和的空间氛围

入口处放置的景观石

从私人空间看到的景色

从室内看到的景色

从客厅看到的景色

一排灌木丛和砾石铺地展示了空间的简洁和宁静，入口处有一处巨石，位于有遮蔽的走廊一侧，该走廊将两处空间结构联系起来

游泳池边木制连廊上的咖啡桌

从私人空间看到的景色

站在建筑五层上向外看，以矩形水池作为空间边缘的主花园，中心的小溪、瀑布和设置在绿草如茵的草坪中的水池营造出令人倍感愉悦的空间氛围

和敬清寂庭

和敬清寂の庭

按房主的希望2007年开始的这个工程，是首个在新加坡拥有日本庭园的分售公寓。公寓位于植被丰富而安静的新加坡植物园和新加坡最繁华的街道乌节路的中间。我着手设计连接两个特征截然相反的地方的空间，使这个空间能将这两个特征中和。

我专注于设计一个能让住的人成为主人，又能招待客人的庭园，同时对于住的人来说又能在庭园中得到抚慰的空间。即使在海外也要款待客人的行为正是日本茶道的精神，所以我将庭园取名为「和敬清寂」，将这四个字各自的意思分别置换成空间。

主庭作为「和」，设计用高2米的自然石做成瀑布石，这里是一个可以从俱乐部回游至庭院的平静温和的空间。新加坡公寓中通常都会建造一个名叫LAP POOL的大泳池，为了充分将泳池与庭园融为一体，我进行了深思熟虑。另外，俱乐部里有瑜伽室，作为冥想空间我设计了一个如同浮在水面的房间，将石壁从庭园中引入室内，使其与周围的自然融为一体。

入口处的圆庭作为「敬」，如同要尊敬地迎接客人一样，我设计了两块有特征的景观石和地板。通常设计中不起眼的警卫室的墙上，用笔写上「和心」，重新装饰墙面。

「清」是从入口一直到最里面的部分。我的设计使人们越往里走越感到安静清爽，配置了一些长椅，使人们的心情得到放松。

「寂」是用地南边唯一一处与其他地方分离的三角地带，设计成枯山水的庭园。使人们即使在忙碌的工作生活中，也能偶尔到屋外这块被隔开的寂静空间中，拥有与自己面对面的时间。这是件令人高兴的事。

我希望即使在常年夏天的新加坡，看着庭园里随风摇曳的树木，也能使人感受到时间的推移和日本的空间，使这个庭园成为能够抚慰心灵的场所。

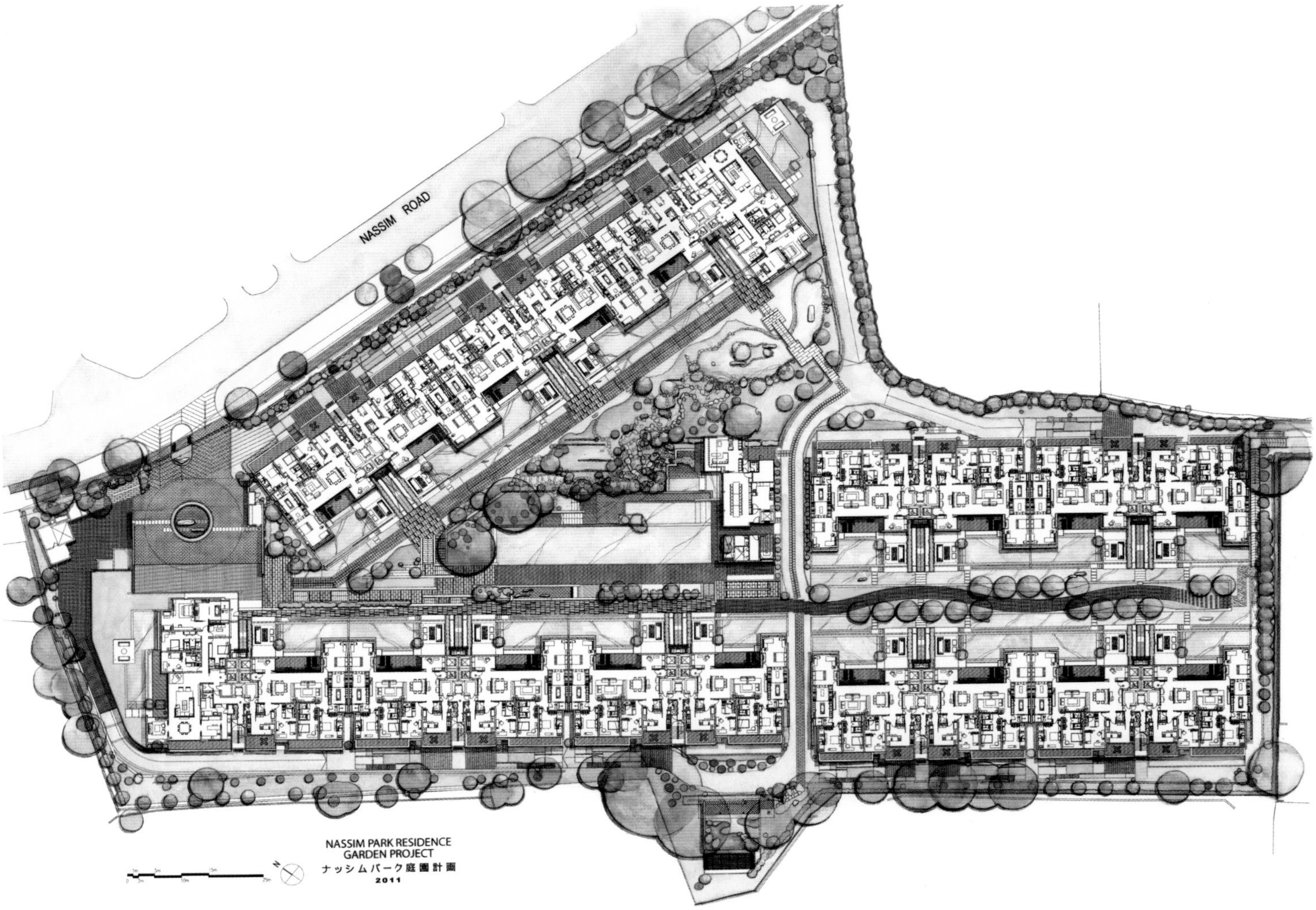

四项关键元素——和（wa）、敬（kei）、清（sei）和寂（jyaku）——分别展示在综合体中心的主花园、东北角的入口花园、始于东南角并继续延伸的长长走道（未在图中显示）以及从西南侧中央部分向外延伸的小型花园里

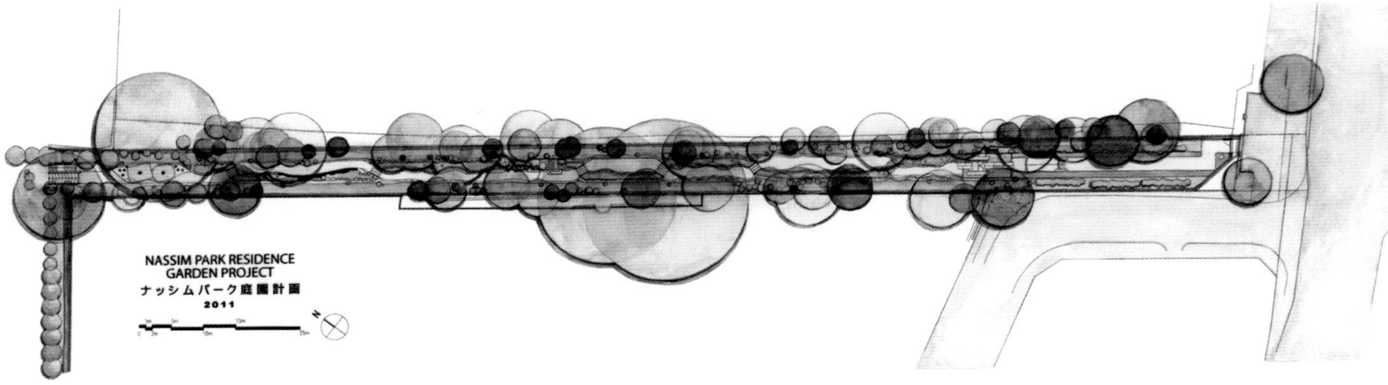

长长的“清”主题花园在公寓建筑和附近的主要大街之间营造了很多的过渡空间，在家与城市之间的时间与空间中净化自己的思想

镶嵌在倾斜式草坪中的抛光石材在主花园中向着俱乐部会所的方向延伸

从道路上看，通往具有时代特色的建筑综合体的入口大道的主要特色是一块拥有粗糙质地的圆石

板式的混凝土墙体搭配着百叶窗式的屋顶，充当着通往“清”主题花园的大门，这是城市和住宅区之间走道上的一处非常重要的门户

拥有不规则外观的踏脚石将中央主花园中的不同元素结合起来，这些踏脚石蜿蜒穿过砾石铺地和草坪，将建筑综合体的两侧联系在一起

主花园在设计上使人们从邻近的道路和上方都能看得到，其主要特色是一条蜿蜒的小溪，小溪通过瀑布与池塘联系在一起

在地块上最安静的空间部分，高高的板式混凝土墙围拢着宁静的枯山水庭院，覆盖着苔藓的高地与砾石铺地相结合，打造出一种安宁之感

景观中的石刻水盆为人们提供了一个稍作停留的机会，然后继续踏上欣赏“清”主题花园的长长道路

从环形道路看过去，石质墙体上的大型开口确立了人们所看到的主花园的视野边界，其几何元素的精细构造因绿植而变得柔和，打造出令人倍感惬意的和谐空间

后方的金属百叶窗具有非常明显的人工痕迹，两堵精心搭建的石质墙体将自然设计和人工设计联系起来

在主入口处，警卫室位于一堵高高的墙体后方，墙体石材装饰由枡野俊明设计

厚厚的纹理式石墙从俱乐部会所的内部延伸到主花园的空间之中，将泥土隐藏起来，通过应用石材、木材和水等元素打造出宁静的空间氛围

作为一个巨型的装饰性壁龛，道路附近的入口空间将轻盈的装有百叶窗的墙体和顶棚结合起来，设置了厚重的花岗岩地基，以雕塑式石质铭牌作为点缀

花园中厚重的石质墙体被迁移到俱乐部会所的瑜伽室中，在宁静的空间中散发出一种安宁的力量

深色的岩石堆叠出了不同的墙体，这些墙体营造出了一处窄小的空间，一块巨型岩石就位于其中，营造出一个出人意料的焦点所在

清闲庭

清閑庭

这是2011年春在纽约曼哈顿竣工的一座六层楼的个人住宅中的庭园。

庭园面对客厅，主人能从那里悠然自得地欣赏景色。为了使内外融为一体，将外部的石板延伸到内部装修中，石头是自然地从表面慢慢地加工打磨后完成的，越到外部越接近自然的效果。

庭园的主要要素是砂粒，用三块景观石打造出平静的氛围。栽种了枫树、几株灌木和地被植物。由于背面看得见旁边大楼的反面所以种上树篱遮盖住它，使庭园的景色与天空连在一起。石材全部从日本运来，植物用的是当地的耐寒植物。

建筑物是用100多年前的厚重石头建造而成的，而庭园则是秉承纽约的现代派风格。

庭园的面积约为30平方米并不宽敞，我的目标是通过高密度的设计，打造一个令人感到无限宽广的空间。

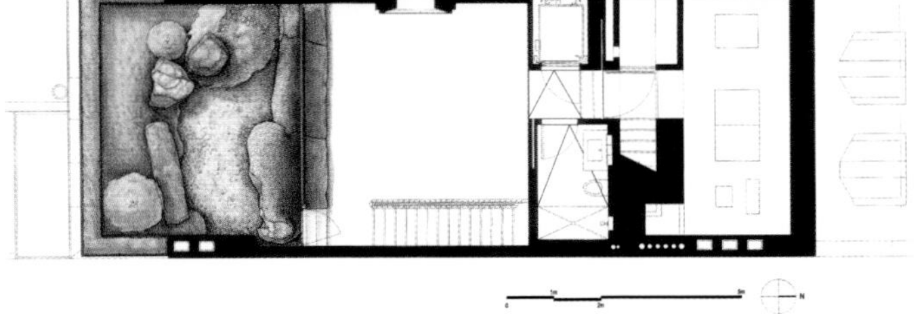

联排别墅南端的屋顶上，封闭式的庭园在城市的中心区打造出一处宁静的私人户外空间

通过应用细节营造视觉趣味，花园前方的织纹式石材看上去就像水一般

多层的空间构造——长而平的石材、小型岩石铺地、大型的原生岩、拥有丛生的地被植物的高地以及高大的树木——在小小的花园内部营造出了极强的空间纵深感

项目索引

P10

潧晴园

所 在 地：箱根町仙石原字六郎兵卫
建筑设计：松田平田坂本设计事务所
规　　模：占地面积3275 平方米
竣　　工：1984年
施　　工：箱根建设

P16

银鳞庄

所 在 地：箱根町仙石原
建筑设计：RAYMOND设计事务所
规　　模：占地面积4930 平方米
竣　　工：1985年
施　　工：箱根建设

P22

京都府公馆庭园

所 在 地：京都市上京区乌丸通一条下
建筑设计：石本建筑事务所
规　　模：占地面积4473 平方米
竣　　工：1988年
施　　工：佐野藤右卫门+植藤造园、小樱产业

P146

首都大学新校区

所 在 地：东京都八王子市南大泽
闭校合并后名称：首都大学东京校区
建筑设计：日本设计、第一工房
规　　模：占地面积43公顷
竣　　工：1991年
施　　工：青木建设、飞鸟建设、鸿池组、五洋建设、长谷工各特、定建设共同企业体（外部结构）
日比谷花坛造园土木、富士绿化、东光园绿化、岩城造园、箱根植木、文吾林造园各特定企业体（ 栽植）

P142

驻日加拿大大使馆庭园

所 在 地：港区赤坂7-3-38
建筑设计：清水建设、MORIYAMA AND TESHIMA PLANNERS (加拿大)
规　　模：占地面积17 359 平方米
竣　　工：1991年
施　　工：清水建设、箱根植树、和泉正敏 + 石雕室

P28

阿德雷克高尔夫球俱乐部

所 在 地：大阪府丰能郡能势町野间西山
建筑设计：高岛屋一级建筑师事务所
规　　模：主厅27 000 平方米
竣　　工：1991年
施　　工：佐野藤右卫门、佐野晋一+植藤造园、大末建设

P152

风磨白炼庭

项目内容：科学技术厅金属材料研究所广场
所 在 地：茨城县TSUKUBA市千现 1-2
建筑设计：日本设计、RIA
规　　模：广场面积37 000 平方米
竣　　工：1993年
施　　工：间组、飞鸟建设、真柄建设特定建设共同企业体、日比谷Amenis、和泉正敏+石雕室

P158

新潟县立近代美术馆

所 在 地：新潟县长冈市宫关町字居挂他278-14
市町村合并后所在地：新潟县长冈市千秋3丁目278-14
建筑设计：日本设计
规　　模：占地面积33 800 平方米
竣　　工：1993年
施　　工：大成建设、吉原、小杉特定建设共同企业体（外部结构）北越绿化、NEW GARDEN、长生园、宫川苑、吉茂造园、铃木造园、新潟造园土木、长冈花园、川崎农园、绿色产业、松木造园（ 栽植）

P164

清风去来庭

项目内容：香川县立图书馆／文书馆
设计内容：外部构造庭园设计
所 在 地：香川县高松市林町2217-19
建筑设计：石本建筑事务所大阪支所
建筑施工：鹿岛建设
庭园外部结构设计／监督管理：枡野俊明 + 日本庭园设计
外部结构施工：村上组 + 和泉屋石材店（和泉正敏）（石材）
山地绿化中心，山地宝松园，北谷植花园，朝日，濑户内造园（庭园建造施工）
法　　人：香川县厅
规　　模：占地面积19 396平方米
制　　作：安山岩、庵治石五郎太石、枫树、黄杨、马醉木、富贵草、耐候钢
竣　　工：1993年
照相摄影：广田治雄
备　　注：总费用58亿7000万日元（庭园外部构造4亿2000万日元），地下1层地上4层

P212

和敬之庭

项目内容：加拿大国立文明博物馆庭园
事 业 主：加拿大国立文明博物馆
所 在 地：加拿大魁北克
建筑设计：Douglas Cardinal
竣　　工：1995年
地方顾问：Don Vaughn Ltd.
景观施工：Shinichi Sano, Uetoh Zoen

P168

青山绿水庭

项目内容：麹町会馆（HOTEL LE Port麹町）庭园

项目索引

所 在 地：东京都千代田区平河町
建筑设计：佐藤综合计划
建筑施工：竹中工务店、日东建设JV
栽植施工：竹中工务店、日东建设JV、日比谷Amenis
合作施工：佐野晋一+植藤造园
石 工 程：竹中工务店、日东建设JV/和泉正敏+和泉屋石材店
建筑物面积：20 598.99平方米、地下4层、地上15层
外部结构庭园面积：1层约290平方米、4层约270平方米
制　　作：庵治石、犬岛景石、榧树、日本扁柏、舞扇槭、山枫、山茶树、野村枫、鹅耳枥等（1层壁泉）
庵治石、犬岛景石、光悦寺墙、绿苔、日本铁杉等（4层中庭）
石子路、竹墙、山枫、鹅耳枥、日本扁柏、椤树等（走廊侧庭）
工　　期：1995年7月—1998年3月
照相摄影：1998年5月，田畑MINAO

P34

瀑松庭

项目内容：今治国际酒店中庭
设计内容：外部构造、庭园设计
所 在 地：爱媛县今治市旭町2-3-4
建筑设计：观光企划设计社＋浪速设计
建筑施工：清水建设、日产建设、大林组、住友建设JV庭园外部结构设计、监督管理枡野俊明＋日本庭园设计
庭园建造施工：植藤造园（佐野晋一） 和泉屋石材店（和泉正敏）
合作栽植：濑户内园艺中心
法　　人：今治产业株式会社
占地面积：11 350 平方米
庭园面积：约1000 平方米
制　　作：安山岩、庵治石五郎太石、枫树、黄杨、马醉木、富贵草、耐候钢
工　　期：1996 年8月—1996年10月
照相摄影：广田治雄
备　　注：钢架结构，地上23层、地下1层、塔屋2层

P174

闲坐庭

项目内容：东急蓝塔酒店日本庭园
所 在 地：东京都涩谷区樱丘町
建筑设计：观光企划设计社+东急顾问
建筑施工：东急建设
建筑外部施工：东急建设（石积工事合作：和泉正敏、和泉屋石材店）
造园施工：东急绿色系统/石胜外部JV
合作施工：佐野晋一（植藤造园）+和泉正敏（和泉屋石材店）
占地面积：9408.86平方米
建筑物面积：5242.46平方米，地上41层、地下6层
日本庭园面积：约846.53平方米
制　　作：庵治石、黑松、日本铁杉、青冈、山枫、孟宗竹、赤竹等
工　　期：1997年11月—2001年5月
照相摄影：2001年6月，田畑MINAO
备　　注：同时设计了酒店大堂、花瓶、咖啡休息室石壁外部

P40

龙门庭

项目内容：曹洞宗祇园寺紫云台庭园
所 在 地：茨城县水户市八幡町
建筑设计：三上建筑事务所
建筑施工：大久保建设
造园施工：佐野晋一，植藤造园（大久保建设）
建筑物面积：163平方米
庭园外部结构面积：140平方米
制　　作：纪州产青石、梅树、罗汉松、椿树等
工　　期：1999年2月—1999年3月
照相摄影：1999年5月，田畑MINAO

P60

无心庭

所 在 地：茨城县行方郡
总合监修：枡野俊明（建筑、室内设计等）
设计合作：梶谷工厂（土木）
TRACK（建筑物）
知久设备计划研究所（设备）
SIGLO建筑构造事务所（构造）
建筑施工：竹中工务店（包括一部分外部结构）
施工合作：水泽工务店（木工程）
和泉屋石材店（石工程）
造园施工：佐野晋一、植藤造园+和泉正敏、和泉屋石材店
占地面积：4698 平方米
建筑物面积：1640 平方米，行政大楼112 平方米
庭园外部结构面积：约3500平方米
制　　作：西条产青石、庵治石、十津川产飞石、黑松、红松、青冈、山枫、枝垂樱、黑松、日本扁柏等
工　　期：1999年4月—2001年1月
照相摄影：2001年5月，田畑MINAO

P44

普照庭

项目内容：净土宗莲胜寺客殿庭园
所 在 地：横滨市港北区菊名
建筑设计：山雄一级建筑设计事务所
建筑施工：光和建设
造园施工：佐野晋一（植藤造园）
庭园外部结构面积：后庭230平方米
制　　作：庵治石、洗手钵、枫树、红豆杉等
工　　期：1999年6月—1999年9月
照相摄影：2000年6月，田畑MINAO

P56

高圆寺“参道”

所 在 地：东京杉并区高圆寺南
施　　工：竹中土木
施工合作：佐野晋一（植藤造园）、和泉屋石材店（石板地工程）、小岛建设（木工程）、小岛建设（山门工程）
参道面积：第1期整备1036平方米，第2期整备543平方米（包括山门工程）
制　　作：中国产御影石、枝垂樱、夏椿、枫树、沿阶草等
工　　期：第1期1999年10月—2000年3月/第2期2001年1月—2001年7月
照相摄影：2001年11月，田畑MINAO

项目索引

P50

残心庭

项目内容：三溪园鹤翔阁庭园（旧原邸）
所 在 地：横滨市中区本木三之谷
调查复原设计：MANU都市建筑研究所
建筑设计：大江宏建筑事务所
建筑施工：大林组
造园施工：藤造园建设——合作：佐野晋一（植藤造园）
石 工 程：和泉屋石材店
占地面积：4170平方米
建筑物面积：965平方米（由休闲楼、客房楼、茶室构成）
庭园面积：2417平方米
客房楼庭园：约281平方米/前庭：约850平方米
制　　作：庵治石、阎魔堂石塔、御帘墙、茶筅大德寺墙、龙安寺墙、青冈、山枫、梅树、山茶花、赤竹、富贵草等
造园工期：2000年2月—2000年10月
照相摄影：2001年6月，田畑MINAO
备　　注：横滨指定有形文化财产

P180

悠久苑

项目内容：防府市斋场庭园
所 在 地：山口县防府市大字高井地内
建筑设计：石本建筑事务所大阪支所
建筑施工：熊谷组、藤本工业、藤井建设共同企业体
合作造园施工：建筑周边，和泉屋石材店+佐野晋一（植藤造园）
占地面积：12 916平方米
建筑物面积：2924平方米
制　　作：庵治石、白石鸟石、犬岛石、红松、四照花、夏椿、山枫、日本铁杉、枝垂樱等
工　　期：2001年10月—2003年3月
照相摄影：2003年5月，田畑MINAO

P218

融水苑

项目内容：柏林日本庭园
所 在 地：柏林市
建筑设计：枡野俊明+日本造园设计
建筑监督管理：枡野俊明+日本造园设计
造园施工：佐野晋一（植藤造园）
现地施工者：BRAUNER
建筑物/门施工：福清商店
建筑物面积：约29.9平方米
占地面积：约2700平方米
制　　作：枫树、樱花树、日本香柏、朝鲜花楸、卫矛、马醉木、德国产石头等
工　　期：2001年10月—2003年4月
照相摄影：2003年6月，田畑MINAO

P226

静寂之庭

项目内容：卑尔根大学新校舍庭园
所 在 地：挪威卑尔根
建筑设计：NARUD STOKKE WING AS
建筑物面积：32 000平方米(新校舍)
造园施工：WIKHOLM AS
庭院面积：庭园（28米×25米）700平方米，院子（54米×约宽10米）500平方米
制　　作：朝鲜花楸、松树、绿苔、小蔓长春花、挪威产石头等
工　　期：2001年11月—2003年5月（包含设计期间）
照相摄影：2003年6月，田畑MINAO
备　　注：入选国际指名大赛，是挪威政府机关（援助技术作品的财团）初次委托外国艺术家的作品

P186

清风道行之庭

项目内容：Opus有栖川 Terrace&Residence
设计内容：造园设计（外部入口、一层中庭、地下中庭）及入口室内设计
所 在 地：东京都港区南麻布
综合监修：枡野俊明+日本造园设计
建筑设计：竹中工务店
建筑施工：竹中工务店
造园外景设计／监理：枡野俊明+日本造园设计
外部施工：竹中工务店、小仓造园
造园施工：竹中工务店、植藤造园（佐野晋一）、和泉屋石材店
事 业 主：住友商事、住友建筑、ORYX
基地面积：6251.42平方米
建筑面积：25 511.11平方米（地上11层地下1层）
庭园面积：入口处 约1100平方米，外部空间约1350平方米，地下一层约 170平方米
制　　作：紫薇、山枫、毛竹、吉祥草、庵治石
工　　期：2001年—2004年3月
写真摄影：2004年7月，田畑MINAO

P70

正受庭

项目内容：S邸「rifugio」坪庭
所 在 地：冈山县邑久郡
建筑设计：增田建筑事务所
建筑施工：MATSUMOTO CORPORATION
占地面积：391平方米（中庭面积5平方米）
造园施工：佐野晋一（植藤造园）
制　　作：山枫、沿阶草、石块等
工　　期：2002年10月
照相摄影：2003年5月，田畑MINAO

P72

水到渠成庭

项目内容：祇园寺居室客殿庭•中庭
设计内容：建筑综合监理，居室客殿庭园•中庭设计
所 在 地：茨城县水户市八番町11-67
综合监修：枡野俊明+日本造园设计
建筑设计：三上建筑事务所
建筑施工：鹿岛建设、大久保建设JV
造园外景设计、监理：枡野俊明+日本造园设计
造园外景施工：植藤造园（佐野晋一）
事 业 主：曹洞宗祇园寺
建筑面积：972.26平方米
庭园面积：居室庭约300平方米、中庭42.9平方米
制　　作：原有自然石、白川沙石、黑松（移植）、梅树（移植）、

山樱（现存）、日本山枫、桧叶金藓
工　　期：2003年—2004年7月
写真摄影：2005年5月，田畑MINAO

P196
三贵庭

项目内容：外务省中庭
设计内容：造园设计
所 在 地：东京都千代田霞关 2-2-1
综合监修：枡野俊明+日本造园设计
耐震修改设计：三菱地所设计、山下设计、坂仓建筑设计事务所（回廊设计）
耐震修改施工：竹中工务店
造园外景设计/监理：枡野俊明+日本造园设计
造园施工：植藤造园（佐野晋一）
事 业 主：外务省•国土交通省
庭园面积：约3500平方米
制　　作：庵治石、白川沙石、伊势鹅卵石、樟树、山樱、日本枫树、日本山枫、日本垂樱、毛竹、细叶结缕草、平户杜鹃
工　　期：2004年10月—2005年10月
写真摄影 2006年6月，田畑MINAO

P108
寒川神社神苑

项目内容：寒川神社神岳山神苑整修
设计内容：综合设计、监理 （包括建筑的造园设计）
所 在 地：神奈川县高郡寒川町宫山3916
建筑设计：枡野俊明+日本造园设计
建筑设计合作：时代建筑设计室
建筑施工：竹中工务店
建筑施工合作：安井木工务店
造园外景设计/监理：枡野俊明+日本造园设计
造园外景施工：竹中工务店
外景施工合作：竹中土木、植藤造园（佐野晋一）、和泉屋石材店、／石造
美　　术：西村金造、西村大造
事 业 主：寒川神社（相模国一之宫）
基地面积：约30 000平方米
企划面积：约2900平方米
建筑面积：外门7.45平方米，手水舍
庭园面积：约1700平方米
制　　作：社背地整修、神岳山建造、难波小池再生吉野石、羽扇槭、犬岛产花岗岩
工　　期：2005年6月—2007年5月
交　　通：JR相模线宫山车站徒步5分钟
写真摄影：2008年6月，田畑MINAO
项目内容：寒川神社神岳山神苑整修（二期）
设计内容：综合设计、监理 （包括建筑的造园设计）
所 在 地： 神奈川县高郡寒川町宫山3916
建筑设计：枡野俊明+日本造园设计
协　　力：时代建筑设计室
建筑施工：竹中工务店
协　　力：安井木工务店
造园外景设计/监理：枡野俊明+日本造园设计
造园外景施工：竹中工务店
协　　力：竹中土木、植藤造园（佐野晋一）、和泉屋石材店、石造美　　术：西村金造、西村大造
事 业 主：寒川神社（相模国一之宫）
基地面积：约30 000平方米
企划面积：约5000平方米
建筑面积：茶室直心庵30.75平方米，茶屋和乐亭94.85平方米，方德资料馆251.44，厕所26.34平方米
庭园面积：约3000平方米
制　　作：池泉回游式式庭园、池、瀑布、石桥、土桥、灯笼、石舞台等。吉野石、庵治石、桧叶金藓、祇园垂樱、枫、红松、黑松、三合土、数奇屋茶室（四帖半）、立礼席等
工　　期：2007年6月—2009年5月
写真摄影：2009年6月—2009年11月，田畑MINAO

P86
月心庄庭园

项目内容：S氏邸别墅
设计内容：造园设计
所 在 地：山梨县
建筑施工：古建筑移动及改修
造园外景设计／监理 ：枡野俊明+日本造园设计
外部施工：丸格建筑（挡土墙及石墙施工）
造园施工：植藤造园（佐野晋一）
事 业 主：个人
基地面积：约1900平方米
庭园面积：1650平方米
制　　作：枫树、紫薇、红豆杉、日本辛夷、吉野石
工　　期：2005年6月—2005年12月
写真摄影：2006年6月，田畑MINAO

P82
梅花庭

项目内容：西见寺参道改造
设计内容：造园设计
所 在 地：静冈县滨松市西鸭江町3268
造园外景设计/监理：枡野俊明+日本造园设计
外部施工：饭山工务店
造园施工：植藤造园（佐野晋一）
事 业 主：曹洞宗西见寺
庭园面积：870平方米
制　　作：原有石材、山枫、梅树、罗汉松、金边黄杨
工　　期：2005年3月—2005年6月
写真摄影：2008年10月，田畑MINAO

P232
三心庭

项目内容：One 九龙办公楼
设计内容：造园设计，一层入口，大厅室内设计
所 在 地：香港九龙湾
建筑设计：Wong and Ouyang
造园外景设计/监理：枡野俊明+日本造园设计
造园施工：植藤造园（佐野晋一）、和泉屋石材店
事 业 主：Glorious Sun Properties Ltd
基地面积：5300平方米
庭园面积：入口处约1545.7平方米，大厅约554平方米
制　　作：庵治石、庵治鹅卵、黄杨栅栏、桂花、杜鹃、毛竹、茶花、榕树

项目索引

工　　期：2006年10月—2007年7月
写真摄影：2007年7月，田畑MINAO

P92
听雪壶
项目内容：银鳞庄坪庭
设计内容：造园设计
所 在 地：北海道小樽市樱1-1
建筑施工：木村良三工务店
造园外景设计／监理：枡野俊明+日本造园设计
造园施工：植藤造园（佐野晋一）
事 业 主：银鳞庄
庭园面积：25.3平方米
制　　作：吉野石、白川沙石
工　　期：2007年3月—2007年4月
写真摄影：2007年10月，田畑MINAO

P96
听籁庭
项目内容：H氏邸庭园
设计内容：茶室设计、造园设计
所 在 地：东京都目黑区
建筑深化设计：铃木爱德华建筑设计事务所株式会社
建筑施工：佐藤秀
茶室施工：福清商店
造园外景设计/监理：枡野俊明+日本造园设计
造园施工：植藤造园（佐野晋一）
事 业 主：个人
基地面积：255.5平方米
茶室面积：茶室24.0平方米（包括水屋）
庭园面积：主庭约60.0平方米，入口处2.0平方米
制　　作：白河石、白川沙石、十津川石、红松、厚皮香、山茶花、冬青、南天竹、细叶鸢尾、苔藓、矮竹、石菖蒲
工　　期：2007年5月—2008年4月
写真摄影：2009年11月，田畑MINAO

P252
三昧庭
设计内容：造园设计
所 在 地：新加坡埃文斯路
建筑设计：CHRISTIAN LIAIGRE
照明规划：Lighting Planners Associates Inc.
造园外景设计/监理：枡野俊明+日本造园设计
造园施工：植藤造园（佐野晋一）（景石摆放）
和泉屋石材店（景石／咖啡桌制作）
事 业 主：UOL Group Limited.／Kheng Leong Co Pte Ltd./ ORIX CORPORATION
基地面积：3905.7平方米
建筑面积：约885.0平方米
庭园面积：约3020.7平方米
制　　作：庵治石、福氏藤黄、月桂、水茉莉
工　　期：2007年8月—2008年5月
写真摄影：2008年6月，田畑MINAO

P242
不二庭
项目内容：H氏邸庭园
设计内容：造园设计
所 在 地：德国斯图加特
建筑设计：Alexander Brenner
造园外景设计/监理：枡野俊明+日本造园设计
造园施工：植藤造园（佐野晋一）
事 业 主：个人
基地面积：1148.5平方米
庭园面积：约400平方米
制　　作：原有石材、山枫、四手樱、红豆杉、花楸树、日本辛夷、侧柏、石楠花、马醉木、珊瑚木、吉祥草、草
工　　期：2007年9月—2008年5月
写真摄影：2008年6月，田畑MINAO

P260
和敬清寂庭
设计内容：庭园建造设计
所 在 地：新加坡Nassim路
建筑设计：SCDA Architects
内装设计：CHRISTIAN LIAIGRE
照明计划：Lighting Planners Associates Inc.
庭园外部结构设计/监理：枡野俊明＋日本庭园设计（负责人：成川惠一，户高千寻）
庭园建造施工：植藤造园（佐野晋一、齐藤裕之）：石景，乔木栽植
和泉屋石材店（泉久志）：石景
法　　人：UOL Group Limited. + Kheng Leong Co Pte Ltd.
ORIX CORPORATION
占地面积：23 082.90平方米
建筑面积：6040.84平方米
庭园面积：17 042.06平方米
制　　作：庵治石、贝加明延令草、福木、狗牙花、月橘、铁架木、水梅、草坪
工　　期：2008年6月—2011年2月
交　　通：地铁NS Orchard站步行10分钟
照相摄影：2011年2月—2011年5月，田畑MINAO

P202
心清庭
设计内容：庭园建造设计
所 在 地：东京都港区
建筑设计：小川晋一都市建筑设计事务所
建筑施工：岩本组
庭园外部结构设计/监理：枡野俊明＋日本庭园设计
（负责人：相原健一郎，须藤训平，岛田夏美）
庭园建造施工：植藤造园（佐野晋一）、和泉屋石材店
法　　人：个人
工　　期：2009年1月—2009年12月
照相摄影：2010年 1 月，田畑MINAO

P136
绍继路地
项目内容：S氏邸外部改修
设计内容：造园设计

所 在 地：东京都大田区
建筑设计：东京SEKISUI HEIM
建筑施工：东京SEKISUI HEIM
造园外景设计／监理：枡野俊明+日本造园设计
造园施工：植藤造园（佐野晋一）
庭园面积：43.2平方米
制　　作：原有石材、原有植物、新植树（山枫、栎树）
工　　期：2009年3月—2009年4月
写真摄影：2009年6月，田畑MINAO

P104

荧山禅师转法轮之庭

项目内容：御诞生寺本堂前庭
设计内容：造园设计
所 在 地：福井县越前市庄田町32
造园外景设计／监理：枡野俊明+日本造园设计
造园外景施工：植藤造园（佐野晋一）
事 业 主：曹洞宗御诞生寺
庭园面积：170平方米
制　　作：日本枫树、日本山枫、紫薇、现有石头、白川沙石、桧叶金藓
工　　期：2009年5月—2009年6月
写真摄影：2009年6月，田畑MINAO

P270

清闲庭

项目内容：S邸
设计内容：庭园建造设计
所 在 地：纽约曼哈顿
建筑设计：Steven Harris Architects LLP
庭园外部结构设计/监理：枡野俊明＋日本庭园设计
（负责人：相原健一郎）
庭园建造施工：植藤造园（佐野晋一）
法　　人：个人
庭园面积：30.0平方米
制　　作：安山岩、庵治石五郎太石、枫树、黄杨、马醉木、富贵草、耐候钢
工　　期：2011年 1 月—2011年 9 月
照相摄影：田畑MINAO